ESQUISSE

DE LA

VÉGÉTATION DU DÉPARTEMENT DE L'OISE.

ESQUISSE

DE LA

VÉGÉTATION DU DÉPARTEMENT DE L'OISE

PAR

M. Hippolyte RODIN,

Membre de la Société Botanique de France, de la Société Académique de l'Oise,
Secrétaire de la Société d'Agriculture et d'Horticulture de Beauvais,
Correspondant du Comice agricole de Lille.

PREMIÈRE PARTIE.

BEAUVAIS,

IMPRIMERIE D'ACHILLE DESJARDINS, RUE SAINT-JEAN.

1864.

ERRATA IMPORTANTS A CORRIGER DANS LE TEXTE.

Page 7, ligne 2, au lieu de *la Carlina*, lisez : *le Carlina.*
— 9, — 30, au lieu de *recouvertes*, lisez : *recouverts.*
— 12, — 5, au lieu de *glyciphyllos*, lisez : *glycyphyllos.*
— 12, — 5, au lieu de *la Coronilla*, lisez : *le Coronilla.*
— 16, — 4, au lieu de *hirsurta*, lisez : *hirsuta.*
— 17, — 27, au lieu de *toufles*, lisez : *touffes.*
— 27, — 15, au lieu de *leur*, lisez : *leurs.*
— 29, — 33, au lieu de *une*, lisez : *un.*
— 34, — 18, au lieu de *côtes*, lisez : *cotes.*
— 43, — 23, au lieu de *parcourrons*, lisez : *parcourons.*
— 46, — 17, au lieu de *Gette*, lisez : *Cette.*
— 48, — 22, au lieu de *étab!it*, lisez : *établit.*
— 54, — 8, au lieu de *cesserail*, lisez : *cesserait.*
— 54, — 28, au lieu de *rougâtre*, lisez *rougeâtre.*
— 54, — 31, au lieu de *meilleur*, lisez : *meilleure.*
— 56, — 20, au lieu de *crus*, lisez : *crûs.*
— 87, — 3, au lieu de *velues*, lisez : *velus.*
— 95, — 32, au lieu de *métamorphosées*, lisez : *métamorphosés.*
— 105, — 14, au lieu de *Cariophyllées*, lisez : *Caryophyllées.*
— 112, — 27, au lieu de *Tr.folii*, lisez : *trifolii.*
— 112, — 30, au lieu de *Orobanche*, lisez : *Orobanche.*
— 112, — 33, au lieu de *linicala*, lisez : *linicola.*
— 119, — 23, au lieu de *Pleum*, lisez : *Phleum.*
— 125, — 4, au lieu de *sableuses*, *donne*, lisez : *sableuses donne.*
— 133, — 11, au lieu de *qni*, lisez : *qui.*
— 137, — 18, au lieu de *cultivé*, lisez : *cultivée.*

ESQUISSE

DE LA

VÉGÉTATION DU DÉPARTEMENT DE L'OISE.

La *Flore* du département de l'Oise doit essentiellement comprendre trois parties principales :

1° *L'Enumération* ou *Catalogue* des plantes qui croissent spontanément sur le sol du département ou que l'on peut considérer comme s'y étant naturalisées ; cette énumération doit être suivie de la liste des plantes que l'homme cultive pour différents usages. Cette première partie sert de guide aux botanistes, amis de la science, ainsi qu'aux simples amateurs ;

2° La *Description* de ces mêmes plantes, description à l'aide de laquelle ceux que cette étude peut intéresser peuvent les distinguer ;

3° La *Géographie* botanique ou l'étude de la situation absolue ou relative des végétaux à la surface de la terre appliquée à l'étendue du département.

Dans les pages qui suivront ces considérations générales, nous traiterons la première partie aussi complètement que nos recherches, jointes à celles des botanistes qui ont exploré le département, nous l'ont permis. Quant à la seconde, les espèces se trouvent si bien décrites et avec une si scrupuleuse exactitude dans la seconde édition de la *Flore des environs de Paris*, de Cosson et Germain, qu'il ne nous reste rien à faire. Parfois cependant dans le catalogue, il nous est arrivé de donner quelques phrases courtes de description ou de signaler des caractères distinctifs qui nous paraissaient importants. Chaque fois que nous l'avons fait, c'est que l'espèce ou la variété n'avait pas été signalée dans les auteurs ou ne l'avait été que d'une manière indifférente. Quand nous avons cru avoir fait une remarque utile, nous l'avons indiquée, laissant à ceux qui auront occasion de feuilleter ces pages le soin d'en vérifier l'exactitude. La troisième partie offre le plus grand intérêt au botaniste et à l'horticulteur, mais il ne nous est pas permis, dans un ouvrage aussi restreint, de nous étendre beaucoup sur les relations de la plante avec le climat, avec l'atmosphère, avec les météores, avec le sol.

D'ailleurs, le catalogue renferme à la suite de beaucoup d'espèces des remarques isolées qu'il nous avait semblé opportun de placer sous leur rubrique, et ces faits signalés isolément formeraient, s'ils étaient groupés, un ensemble d'où il ressortirait probablement des considérations importantes sur cette partie de la science. Mais alors ce serait étendre de beaucoup les limites du programme que nous nous sommes imposé en publiant l'énumération des plantes de l'Oise. Nous préférons laisser les faits dans leur isolement sans en tirer aucune conséquence; d'autres botanistes viendront qui, ajoutant leurs recherches et leurs observations aux nôtres, pourront formuler quelques-unes des lois qui président à ce magnifique tapis végétal qui fait l'ornement du département de l'Oise. Dans cette conviction, nous ne ferons précéder cette étude que de quelques réflexions sur la végétation de l'Oise.

GÉOLOGIE.

La constitution géologique du département comprend trois formations principales de terrains que M. Graves a reconnues et décrites avec toute l'autorité de sa vaste érudition ; aussi lui ferons-nous de fréquents emprunts, ne pouvant puiser à une meilleure source.

Ces formations sont :

1° La craie.

2° Les terrains tertiaires

3° Quelques couches inférieures au calcaire crayeux.

Ces diverses formations géologiques peuvent être représentées par le tableau suivant :

Période	Division	Subdivision	Étage	Localité
Période alluvienne			Alluvions modernes	Vallées des rivières.
			Tourbes	Bresles.
Période diluvienne			Diluvium des plaines et terrain de transport.	Le Santerre.
			Terrain superficiel de la craie	Le Thelle.
Période tertiaire	Terrain protéique ou miocène.		Grès et poudingues	
			Meulières	Serans, Montmélian.
			Etage du calcaire lacustre supérieur	Serans, Auvillers.
			Etage des sables et grès supérieurs	Serans, Auvillers.
	Terrain paléothérien		Etage du gypse	Montmélian.
			Etage du calcaire lacustre moyen	Le Multien.
	Tritonien	supérieur	Etage des sables et des grès moyens	Le Multien.
		inférieur	Marnes	Le Valois.
			Calcaire grossier	Le Vexin, montagne de Soissons.
			Sables glauconieux moyens et supérieurs	Noyonnais, Vexin.
			Lignites	Le Noyonnais.
			Sables glauconieux inférieurs	Le Noyonnais.
Période crétacée	supérieure		Etage du calcaire jaune supérieur et de la craie blanche	Laversines.
			Etage de la glauconie crayeuse ou inférieure.	
			Etage du gault	Saint-Samson, Savignies, Senéfontaine.
	inférieure néocomienne		Groupe veldien, argiles et sables ferrugineux.	Vallée de Bray.
Période jurassique	porlandienne		Marnes et grès calcaires, sables fossilifères.	Vallée de Bray.
	kimméridienne		Lumachelle, marbres à paludines	Haut Bray.

Ces périodes géologiques, par suite du relief du sol, amènent en affleurement dans le département, sur différents points, ces trois formations principales : il résulte de là, pour ainsi dire, trois *facies* caractérisés de la flore dont nous donnerons une légère esquisse; ces trois flores ont un caractère spécial et elles se différencient à première vue. La flore crétacée est assez pauvre en espèces et se trouve dans beaucoup de cantons. Bien qu'Alph. de Candolle considère la nature chimique du sol comme un élément peu important dans la distribution des plantes, bien que Thurmann défie les botanistes de citer une seule plante absolument exclusive des terrains calcaires, les nombreuses stations citées dans le catalogue prouvent d'une manière irréfutable que les terrains crétacés ont une flore spéciale en crucifères, en ombellifères et en orchidées. La flore des terrains tertiaires est riche et comprend la flore des environs de Paris presque tout entière : la végétation jurassique a un caractère tout à fait distinctif : elle rapproche notre flore de la végétation vosgienne. Nous essayerons d'esquisser ces trois flores différentes dans un tableau rapide qui donnera ainsi un aperçu de la végétation de l'Oise si riche et si belle.

PÉRIODE JURASSIQUE.

Les couches inférieures à la craie blanche constituent la contrée du Bray. Cette contrée, exceptionnelle dans le département, a l'apparence d'une île allongée s'étendant depuis Hodenc-Lévêque, par Saint-Léger, Savignies, Villembray, Hannaches, jusqu'au-delà de Neufchâtel dans la Seine-Inférieure. Deux chaînes de collines de craie au sud et au nord forment la ceinture naturelle de cette île : elle se partage naturellement en deux zônes : la vallée de Bray et le haut Bray. La vallée s'étend au sud-ouest entre la falaise méridionale et le haut Bray jusqu'à Saint-Paul, puis resserrée entre les deux bordures de craie, elle se prolonge jusqu'à Noailles. La seconde zône, élevée au-dessus de la vallée, forme en quelque sorte une arête irrégulière dont les épines latérales ne semblent suivre aucun plan symétrique. Ce soulèvement, produit au milieu de la formation crétacée, a ses couches redressées vers l'axe de la vallée et offre des altitudes assez remarquables. Ces mamelons irréguliers et isolés, ce déchirement général du sol impriment au pays un aspect particulier et une végétation spéciale. Les sources sortant des flancs de ces collines éparses suivent les sinuosités que ce soulèvement a dû nécessairement faire naître, et ont partout un cours tortueux caractéristique de cette période géologique. La dénudation de ces mamelons laisse voir ici des bancs de roche calcaire compacte, marneuse et dure, là des bancs de marbre coquillier, entre les deux des marnes argileuses bleuâtres ou noirâtres; cette alternance des bancs, combinée avec l'altitude irrégulière de l'arête du haut Bray, donne à la région un caractère saisissant de variété : dans les parties les plus élevées, on rencontre le calcaire marneux en roches ou en fragments; ce calcaire affleure souvent sur le versant des mamelons. Cet accident géologique, combiné avec la dispersion des blocs au milieu des plaines qui couronnent les collines ou qui en sont descendus dans la vallée, a laissé exposées aux intempéries de l'atmosphère ces roches remplies de fossiles et par suite subissant facilement le désagrégement : elles se délitent avec les argiles et les fossiles en couvrant de leurs débris la terre environnante. L'observateur est frappé à première vue du contraste offert par le sol de cette région; là des argiles, ici des glaises, ailleurs des sables, plus loin du calcaire de couleurs variées; avec cette diversité d'éléments superficiels la même diversité dans les altitudes et dans la forme des collines qui constituent l'axe de cette contrée; collines aux flancs arrondis, quelquefois en forme de ballons, souvent aux versants à pic et presque inaccessibles. Ici, ces mamelons s'arrondissent autour d'un vallon intérieur qu'elles enserrent, ou s'ouvrent en gorges terminées d'une manière brusque. De ce contraste frappant avec les pays assis sur la craie blanche résulte nécessairement la différence de végétation.

L'œil du touriste admire du haut de ces mamelons l'immense panorama qui se déroule devant lui; il découvre avec plaisir et embrasse du regard les villages échelonnés sur les flancs des collines et cachés dans la verdure des bois que l'azur de la fumée seule vient lui signaler; il contemple avec enthousiasme le lever du soleil venant dissiper les brouillards de la vallée; les accidents de terrains, le mélange des bois et des terres nues, les formes contournées des vallons multiplient à chaque pas les effets pittoresques et donnent au haut Bray la physionomie des pays de montagnes. Des jouissances non moins vives sont réservées au géologue et au botaniste. Le géologue ne peut s'empêcher de s'étonner du relief irrégulier et tourmenté du sol; aussi quand ses regards, s'arrêtant sur les barrières de craie qui bornent sa vue, se reportent sur les sinuosités des sources qui suintent des flancs des mamelons et se reposent sur ces buttes déprimées, alors il se rappelle que cette formation est une exception dans notre département, que c'est un témoin oublié chez nous de ce déchirement de la terre qui a produit les Pyrénées et rendu ce groupe de collines frère contemporain de cette grande chaîne de montagnes. Le botaniste, à première vue, a l'instinct de ce bouleversement unique dans notre pays; pour lui disparaît la monotonie des pays de plaines, ou des régions crayeuses; il voit qu'il est en présence d'un sol à part, qui a son *facies*, son tapis végétal particulier. Partout où les sables affleurent apparaissent les bois, et si ces sables mêlés aux argiles ont de la profondeur, on les plante en chênes (bois de Blacourt, de Soavre, d'Avelon, de Lhuyère, de Belloy); les sables cessent-ils, la culture s'empare du terrain et lui confie ses semences. Quand les sables ferrugineux de la vallée sont joints aux argiles rouges et au calcaire crayeux, à l'aide d'engrais bien appropriés, on les rend fertiles : sans doute ce n'est plus la fertilité du diluvium des plaines c'est une fertilité secondaire qui convient aux taillis et aux céréales d'ordre inférieur. Le calcaire est-il resté en roche ou multiplié en fragments, cette aridité apparaît par l'aridité de la végétation : ici les *Erica* et les *Calluna* s'emparent du sol épuisé; ils semblent destinés à couvrir par leur verdure persistante la nudité des collines, à fertiliser, par leurs débris, un sol ingrat et peu propice à la végétation d'autres plantes; là les *Vaccinium*, espèces subalpines, envahissent un terrain qui s'épuise, mais qui conserve encore sa fraîcheur; plus loin le sol est couvert d'une forêt de *Sarothamnus*, qui témoignent, par la sécheresse de leur port, de la pauvreté des éléments nutritifs que leur présentent les grès ferrugineux; plus loin serpente le *Lycopodium clavatum* ou se cache le *Lycopodium inundatum*. Ces espèces préfèrent les terrains stériles : elles semblent annoncer le but que la nature s'est proposé dans leur création, celui de couvrir les sols incultes, de les améliorer et de venir ainsi au secours de l'action lente, mais génératrice, des *Mousses*. Sur les tertres arides, la *Carlina vulgaris* représente par son port scarieux la pauvreté de la végétation; elle s'allie très-bien avec l'aspérité des lieux où elle croît : elle reste encore sur pied, même après sa mort, et ce squelette, tout en offrant l'image de la destruction, semble encore décorer ces tristes lieux. Sous l'influence de la nappe d'eau souterraine que retiennent les argiles, les principes nourriciers des végétaux se dissolvent et disparaissent; ils ne permettent qu'aux *Ulex* épineux et aux stériles bruyères de prendre possession de ce terrain à humus acide, où toute plante vigoureuse disparaîtrait faute de nourriture. Ces plantes, hérissées d'épines, se mettent en harmonie avec les lieux stériles qu'elles habitent et nous font oublier leur aridité en récréant la vue par la beauté et le nombre de leurs fleurs. Parfois une plante particulière s'offrira à vous pour vous rappeler qu'elle aussi se trouve égarée sur ce sol isolé, et que si, par sa constitution géologique, le terrain vous montre son analogie avec d'autres formations plus éloignées, par sa végétation il vous signalera aussi l'existence de cette espèce dans un habitat plus lointain. Le pays de Bray, manquant de couche diluvienne et dans lequel les argiles kimméridiennes et les marnes du calcaire porlandien sont à nu, offre l'aspect de riches prairies qui sont exploitées pour l'engrais des bestiaux sous le nom d'*herbages*: leur vue rappelle la Normandie. Le fond des vallées, de son côté, avec ses filets d'eau s'anastomosant pour répandre la fertilité, montre aux regards de riches et gras pâturages qui impriment au pays un caractère bien différent des plaines du plateau crayeux; la verdure des végétaux, le coloris des fleurs, la luxuriance de la végétation vous annoncent un sol enrichi des dénudations des flancs de la colline et la variété des éléments épars est attestée par la diversité des espèces. Le *Tussilago petasites* accompagne partout les argiles du Bray; il en est caractéristique; en même temps qu'on peut remarquer dans les sables l'absence totale du *Statice* si commun dans les sables tertiaires. Les buttes isolées voient leurs sommets envahis par les plantes conquérantes et sociales, les *Calluna*, les *Vaccinium*, les *Genista pilosa* et *sagittalis*, l'*Helianthemum vulgare*, l'*Antennaria dioica*; le *Nardus stricta* indique par sa raideur la sécheresse du sol. Les bois sont de leur côté caractérisés : les essences résineuses prospèrent sur ce sol où ne peut s'enfoncer le pivot des racines de nos riches espèces forestières et du haut de la falaise le vert foncé des pins et sapins vient faire ressortir la fraîcheur de la verdure environnante ; sous leur ombrage la végétation est distincte : là apparaissent les plantes dépourvues de chlorophylle, les *Monotropa*, les *Orobanche;* le *Tamus vulgaris* s'enroule autour des arbustes comme la liane des forêts intertropicales. On dirait aussi le règne des fougères. Au milieu des sables vitrioliques apparaît l'*Osmunda regalis* au feuillage d'un vert glauque; sur la lisière et le long des fossés argileux et remplis d'eau s'épanouissent les touffes du *Blechnum spicant* ; dans une éclaircie, au demi jour, ou au fond d'un ravin où le soleil ne pourra pénétrer que voilé, s'arrondit la corbeille régulière du *Nephrodium aculeatum;* les *Polypodium* s'emparent des versants des chemins creux, des berges des cours d'eau, dominent les tapis de mousses, ils étalent, au revers de leurs feuilles, leur fructification en beaux disques dorés. Sur le versant nord des coteaux apparaît le sombre ***Helleborus fœtidus*** aux fleurs verdâtres. Les familles aquatiques des *Joncées* et des *Cypéracées* vous rappellent par leurs nombreux représentants l'existence de la nappe d'eau souterraine; quelques variétés ont leurs nuances plus foncées, leurs veines mieux indiquées et semblent vous attester par cette coloration les oxydes de fer qui nuancent les sables de cet étage. En parcourant les terrains assis sur la période portlandienne, on reconnaît des couches où les éléments se sont désagrégés pour donner naissance à des sables, à des grès; alors les argiles disparaissent. La marne calcaire coquillière affleure en certains endroits; ailleurs c'est la marne sablonneuse sans fossiles ou le grès grossier sans coquilles; la roche ainsi mise à nu présente un terrain découvert où la végétation est gênée, où l'aridité de la terre est signalée par le gazon touffu des *Festuca* et des *Poa*, où le *Vaccinium* étouffe dans son réseau de racines puissantes toute végétation arborescente : cette dernière espèce a conquis le sol tout à l'entour et refuse de le livrer à ses sœurs. Nous regrettons de ne pouvoir nous étendre plus longtemps sur cette période jurassique, les localités que nous indiquons dans le *Catalogue* viendront à l'appui de cette légère esquisse de la végétation du Bray, végétation variée, riche en espèces, mais pauvre en individus.

PÉRIODE CRÉTACÉE.

La période crétacée est représentée dans le département par quatre étages : 1° le terrain crétacé inférieur ou néocomien; 2° le groupe veldien; 3° le gault; 4° la glauconie crayeuse. La vallée de Bray forme l'étage inférieur et présente aux affleurements des couches sablonneuses et ferrugineuses. L'élément principal est le sable ferrugineux apparent à Courcelles, à Marivaux, aux collines de Cresnes, de Savignies, de Saint-Germain-la-Poterie, de Saint-Paul, à Rainvilliers, au bois de Belloy, au Détroit, à Glatigny, à l'Héraule, à Hanvoile. Les roches qui composent cet étage sont meubles, le sol est tourmenté par des accidents de terrain qui permettent aux diverses couches de se mélanger avec les argiles et donnent l'apparence du désordre. L'étage kimméridien donnait naissance à peu de sources; il n'en est pas de même de l'étage néocomien qui contient tant d'argiles; les argiles rouges font naître une multitude de petits ruisseaux qui descendent dans la vallée; les dépôts argileux, recouverts de sables ferrugineux, laissent filtrer des sources qui en général sont peu abondantes, car la couche d'argile n'étant pas continue, le niveau ne peut rester constant. De là résulte une aridité assez grande partout où le sable ferrugineux se trouve répandu sur le sol; quand le terrain, au contraire, est assis sur l'argile, les terres se détrempent sous l'influence des eaux ainsi que par la décomposition des marnes et calcaires marneux : alors le terrain devient marécageux et fangeux. Les herbages forment le principal tapis de cette assise d'argile recouverte de terre arable; les céréales de second ordre seules sont cultivées. Le chêne se plaisant dans les sables ferrugineux mêlés d'argiles, les versants des collines nombreuses de cette vallée sont recouvertes de bosquets, à Belloy, Saint Paul, Saint-Germain, Blacourt, Soavre, Villembray, etc. Ces bosquets, d'ailleurs, sont moins menacés de défrichement que dans tout autre point du département; la couche arable n'ayant pas d'épaisseur, la plupart des défrichements de cette région n'ont occasionné que des déceptions aux propriétaires, en même temps que l'industrie des potiers a pour intérêt la conservation des bois dont ils font une si grande consommation. Le gault n'apparaît que sur la lisière du pays de Bray et est presque superficiel au sud-est de la vallée formée par la dénudation du Bray; on le rencontre plus facilement à Tillard, aux environs d'Auneuil, à Friancourt, à Saint-Germer, Puiseux-en-Bray, Saint-Pierre-ès-champs, Sénéfontaine, sur la limite du bois de Caumont. La glauconie crayeuse est l'assise la plus basse de la grande masse de craie qui forme la ceinture du Bray; on la trouve à Montagny, à Espeaubourg, à Ons-en-Bray, au Trou-Marot, à Troussures, Tiersfontaine, Grumesnil, Vaux, Berneuil, Villers-Saint-Barthélemy. La craie blanche tient une grande place dans le département, près de quinze cantons en sont composés. Dans le terrain de la craie supérieure, les eaux baissent constamment de niveau et, par conséquent, des sources deviennent intermittentes alors qu'elles étaient continues, d'autres cessent de couler; de là viennent ces ravins aux berges saillantes et rentrantes qui se trouvent à sec maintenant. Les berges des ravins secondaires forment une série de monticules arrondis que des gorges étroites séparent. Dans les vallées profondes (Breteuil, Froissy, Bulles, Beauvais) on remarque sur des talus à pentes raides, des terrasses ou gradins créés sous l'influence d'eaux abondantes qui ont entraîné les saillies de craie. il en résulte sur les retraits une végétation maigre, espacée, composée de graminées. La couche superficielle propre au calcaire crayeux consiste principalement en silex, épars à la surface des plaines, mêlés à de l'argile au milieu du limon diluvien. En plaine, le terrain superficiel de l'étage crayeux est de la terre argileuse; sur les pentes, on trouve les cailloux; la présence de ces silex indique que la partie supérieure du limon a été entraînée par les eaux. Par suite de cette érosion, les couches supérieures de la craie se sont dissoutes. Les pentes méridionales sont couvertes de silex et montrent à nu l'argile sèche et ferrugineuse. En général la flore des terrains qui reposent sur un sol exclusivement crayeux est très-pauvre, lorsqu'ils sont dépourvus de grands bois. Il est difficile alors de signaler des plantes essentiellement caractéristiques. D'une part, la culture détruit la végétation naturelle d'ailleurs très-pauvre en espèces par suite d'absence d'eau courante et de tout mélange de sable dans le sol productif. Dans les plaines cultivées, on ne trouve que les plantes qui accompagnent les moissons et que l'homme cultive malgré lui.

Sur les talus calcaires exposés au nord apparaissent les touffes de l'*Helleborus fœtidus*, à l'odeur fétide, aux feuilles d'un vert sombre et pâle; les buissons de *Juniperus communis* aux rameaux difformes, tortueux, qui lui donnent un aspect sauvage conforme aux lieux arides et pierreux qu'il habite, ou ceux du *Buxus sempervirens* qui recherche les expositions septentrionales.

Le long des talus, au milieu des décombres, sur le bord des chemins, *le Reseda luteola* élève sa tige effilée et son long épi terminal, à côté du *Verbascum lychnitis* à la panicule racémiforme; l'*Eryngium campestre* étale ses rameaux épineux non loin des tas de cailloux. Ailleurs, c'est le *Cirsium acaule,* le *Bupleurum falcatum* au port d'une raideur et d'une sécheresse remarquables, le *Linum tenuifolium*, le *Cerastium viscosum*, l'odorante saponaire (*Saponaria officinalis*), dont les bouquets élégants brillent sur presque tous les talus calcaires. Ici c'est le *Thymus acinos* ou le *Thymus serpyllum*, si recherché des lièvres et des lapins.

Sur le versant des friches, le *Campanula glomerata* élève ses fleurs bleues côte à côte avec les *Linaria arvensis* et *minor* aux fleurs en grappes pauciflores. Dans le gazon aride des friches crayeuses se cache l'*Herminium monorchis*, dont l'épi grêle, jaune-verdâtre, se confond avec l'herbe environnante, mais que trahit son odeur de fourmi.

Sur les friches à peine revêtues d'herbe courte et desséchée, le *Globularia vulgaris* anime et égaie par le bel azur de ses fleurs réunies en tête la terre stérile; à côté la petite Gentiane (*Gentiana germanica*) forme au milieu du gazon du *Poa bulbosa* un parterre délicieux; l'*Anemone pulsatilla* recherche les stations exposées au vent et aux orages; dans les fissures mêmes de la craie prospère l'*Anthyllis vulneraria*. Le *Stachys germanica* mêle au gazon vert des coteaux son duvet blanc et cotonneux, et, çà et là, on voit apparaître les corolles bizarres des Orchidées venant égayer les friches stériles.

Ici l'*Ophrys myodes* apparaît avec sa tige nue sur laquelle semble reposer une mouche aux ailes étendues; là, mais plus au midi, c'est l'*Ophrys arachnites* aux fleurs plus grosses, plus larges, ou l'*Ophrys apifera* au labelle simulant une abeille. Le *Thesium humifusum* revêt de ses racines ligneuses l'aridité de presque toutes les friches calcaires

Dans les haies, le *Medicago falcata* aux fleurs d'un jaune rougeâtre, s'appuie le long des broussailles en paraissant s'avancer vers le nord.

Si nous pénétrons dans les bois, nous rencontrons des tapis de *Veronica prostrata*, l'*Astragalus glyciphyllos*, la *Coronilla varia*, si belle, si élégante, les Digitales dont les corolles produisent un si bel effet et méritent place dans nos parterres.

Les lieux couverts et les bois humides assis sur les terrains crétacés nous offrent le *Ranunculus nemorosus* aux pédoncules sillonnés. A l'ombre, dans les clairières, le *Paris quadrifolia* mûrit sa baie noirâtre que le vulgaire connaît sous le nom de *Raisin de renard:* le *Melica nutans* aux épillets penchés vit en compagnie du *Molinia cœrulea* aux tiges raides, aux racines puissantes s'implantant dans la craie.

Les bois montueux et secs montrent les tiges géantes du *Libanotis montana*, le *Seseli coloratum*, le *Kœleria cristata* aux épillets luisants : les *Viburnum*, les *Cornus*, etc., les jolies clochettes de l'*Aquilegia vulgaris* sont l'ornement des clairières.

Les moissons nous offrent des plantes souvent cultivées malgré l'homme, mais se cantonnant toujours dans une station crayeuse : ce sont les *Adonis* au feuillage découpé, aux pétales délicats, le *Lithospermum arvense*, dont les graines d'un blanc argenté ressemblent à des perles nacrées et dont le feuillage infusé devient le *thé du pauvre*, l'*Iberis amara* aux fleurs éblouissantes de blancheur ou lavées de violet émaillant les moissons de nos plaines crayeuses de touffes semblables à celles qui décorent nos jardins sous le nom de *Téraspic*. Quand le soleil darde ses rayons, le *Lactuca perennis* étale sa corolle violacée à côté du *Caucalis grandiflora*, vivant en société avec le *Bunium bulbocastanum*. Au moindre souffle des vents, les différentes espèces de *Bromus* et de *Festuca* balancent leurs épillets sur leurs chaumes flexibles. Les rustiques *Galeopsis* se montrent partout dans les champs, et, surtout après la moisson, affectionnent spécialement les terrains rocailleux. Les ombellifères et les crucifères offrent une aire d'extension beaucoup plus considérable dans les moissons crayeuses que partout ailleurs. Cette station favorite semble indiquer à l'horticulteur et à l'agriculteur le sol qui convient aux plantes de ces familles si utiles à l'homme dans leurs produits.

Les cryptogames crustacés envahissant les roches calcaires et les caractérisant sont les *Psora decipiens*, *lurida*, *vesicularis*, le *Placodium fulgens*, le *Squammaria crassa*, le *Lecanora parella*, les *Callema*, les *Trichostomum*. Plus ces roches sont abritées du soleil, plus ces lichens pullulent; il semble qu'ils soient l'indice d'un sol stérile qu'ils viennent fertiliser en lui fournissant, par leur décomposition, l'humus nécessaire.

Le botaniste renouvellera rarement ses explorations dans les pays de craie, presque partout il retrouve les mêmes espèces, et rarement il revient heureux d'une nouvelle découverte. Toutes les émotions et les joies qu'il attend sont réservées aux herborisations dans les terrains tertiaires : là, pour lui apparaissent des plantes qu'il n'avait trouvées nulle part. Au milieu de l'armée des espèces ubiquistes, il est sûr de rencontrer des espèces qui ont besoin, pour remplir leurs phases d'évolution, de l'élément arénacé. Ces sables sont plus ou moins secs, plus ou moins mêlés à la terre arable et, selon ces degrés, la végétation variera et lui offrira de nouvelles conquêtes. D'ailleurs, le nombre des plantes psammophiles l'emporte en proportions sur celui des espèces calcarophiles.

PÉRIODE TERTIAIRE.

L'étage qui domine la craie comprend des sables, des lignites, des grès et des galets mélangés de nombreux fossiles. Les sables sont ordinairement amoncelés en tertres surbaissés épars au-dessus de la craie. Le relief général du pays offre peu de mouvements et laisse issue à très-peu de sources; leur morcellement ne permet pas à une nappe d'eau de se maintenir. Les dépôts marno-charbonneux se composent de lits horizontaux et alternatifs d'argile, de marnes argileuses et calcaires, de sable et de grès et de lignite. Ils forment les cendrières que l'on exploite dans notre département. Cet étage donne souvent naissance à des eaux ferrugineuses, à Beaurains, à Frestoy, à Boulogne-la-Grasse, à Béhéricourt; d'autres sources sont incrustantes à Vaudencourt, Trie-Château, Sacy-le-Grand, au mont Saint-Pierre-en-Chastres, à Duvy, à la Fontaine d'Arson près Noyon, au mont

Renaud, à Lassigny, à Crisolles. Sur leur parcours, ces sources couvrent les herbes qu'elles rencontrent d'un sédiment de couleur rubigineuse emprunté au fer sulfuré des lignites. Le système marno-charbonneux est peu développé au pied de la chaine tertiaire du Vexin ; cependant, sur les flancs de la falaise, les argiles viennent souvent en affleurement ; la végétation change aussitôt ; elle devient paludéenne et ces roches argileuses formant le fond de la vallée de Troesne, les marais apparaissent çà et là. Les sables glauconieux moyens et supérieurs contiennent quelques couches d'argiles qui donnent naissance à de nombreux cours d'eau tels que les rameaux de l'Aisne, de l'Automne, de la Petite-Oise.

Le groupe calcaire du terrain tertiaire inférieur est composé essentiellement de bancs formant un massif considérable entre les sables glauconieux et les sables quartzeux moyens. Il constitue, dans les cantons où il apparaît, un plateau dominé par le système sablonneux moyen ; ce plateau est exclusivement consacré à la culture des céréales. Ce groupe peut se diviser en deux étages : le calcaire grossier proprement dit et la marne.

Partout où le sable superposé au calcaire grossier n'est pas en masse trop épaisse, le sol, formé principalement de ce sable et de la décomposition des dernières couches calcaires, est extrêmement productif : après elles viennent les terres rouges, où le sable est légèrement ferrugineux, qui contiennent des cailloux roulés. Les terres argileuses sont assises sur le calcaire d'eau douce : il y a, entre le calcaire lacustre et la terre végétale, une sorte de limon argileux qui donne à tout le sol une certaine tenacité et un aspect plus ou moins glaiseux ; ce limon communique à la terre arable la faculté de retenir l'eau.

Au-dessus des marnes apparaît l'étage des sables et grès moyens ; ils occupent avec continuité un espace considérable dans la région méridionale du département. Vers Ermenonville, au lieudit le *Désert*, toute *végétation* semble disparaître, le terrain est nu ; quelques blocs de grès épars çà et là rompent la monotonie de cette plaine, tandis que sur le sommet des coteaux, l'observateur se complaît à arrêter ses regards sur la verdure des bouquets d'*arbres verts* qui les couronnent. Ces essences forestières prospèrent au milieu de ces éléments arénacés. Si, de là, nous passons à la Butte d'Aumont ou au mont

Alta, nous rencontrons le sable blanc, et sur les pentes, des blocs de grès. Les vents et les pluies ont découronné cette butte que l'œil aperçoit de loin : comme végétation, nous ne trouvons de remarquable que le *Carex arenaria* caractéristique de ce sable ; ses longues racines rampent à la surface du sol mobile et le retiennent aidées encore par les nombreuses radicules, menues et fibreuses qu'elles émettent de toutes parts ; elles fixent la mobilité du sol et le préparent à la fécondité en y déposant leurs débris. Les plantes souffrent au milieu de ce terrain où elles ont peine à se fixer ; les arbres qui poussent sur les pentes, continuellement battus par les vents, sans que leurs racines trouvent un terrain favorable, sont rabougris et ressemblent à des vétérans aux nombreuses blessures. Partout où nous voyons le groupe sableux-moyen arriver jusqu'au sous-sol, le terrain se réduisant à du sable, ne donne naissance qu'à une végétation maigre et chétive, à des plantes rabougries d'une verdure douteuse sans ramification ; on voit que les éléments nutritifs ont manqué, il y a étiolement ; la culture ne peut fertiliser ces plaines et préfère les abandonner à la végétation spontanée ; il en est de même des pentes ; mais là, par suite de la faible cohésion des sables, les couches disparaissent sous l'influence des vents pour s'amonceler au pied des coteaux, et aucune végétation spontanée ne peut se développer en des circonstances si peu favorables. L'évolution de la plante au milieu de sables mouvants est impossible et l'œil est attristé par cette aridité désolante. Ce sol mouvant n'est pas davantage propice à la végétation ligneuse ; les ouragans déracinent facilement les arbres et leur reprise est difficile.

A mesure qu'on s'élève vers le banc de grès qui termine la formation sableuse, on voit la végétation s'appauvrir, diminuer en nombre et en espèces. Sur le grès ou sur le sable blanc mobile, on ne trouve plus que le *Carex arenaria* destiné à préparer le développement d'une plus riche et plus utile végétation. Le *Pin maritime* réussit bien dans ces sables. Le sol de la déposition sableuse est d'autant moins productif que le sable quartzeux est plus pur. La partie inférieure du dépôt de sable vers l'ouest qui est colorée par l'oxyde de fer et traversée par des couches argileuses est susceptible d'une végétation assez belle ; c'est à ce sol qu'appartiennent les parties basses de la forêt d'Ermenonville.

L'*Anemone sylvestris* étale sous les buissons sa corolle blanche légèrement nuancée d'un rose tendre ; elle se cache souvent au pied de l'*Actæa spicata* : dans les parties basses, le gazon est émaillé du rare *Cardamine hirsuta*. La récolte des botanistes dans cette région est riche et belle.

Le groupe du calcaire lacustre, supérieur à celui des sables et grès moyens, forme le plateau de la deuxième grande terrasse, au-dessus de la période secondaire ; il est recouvert d'un limon composé de sable et d'argile, qui couvre toute l'étendue du Mulcien. La couche arable a une assez grande profondeur, et est soutenue par une glaise tenace qui retient les eaux ; aussi y retrouve-t-on la fertilité des plaines généralement grasses, comme on peut le voir sur les plateaux de Thury, de Rouvres, de Boullarre, d'Acy. Quand la couche limoneuse devient plus sableuse qu'argileuse, son épaisseur diminue ; la fertilité de la terre et la richesse de la végétation suivent cette diminution, à Nanteuil, Villers-Saint-Genest, Boissy. Au sud de Montagny, cette couche devient très-épaisse. On remarque avec surprise l'absence de cailloux, et la fertilité du pays devient proverbiale au Plessis-Belleville, à Eve, Lagny, etc. Partout où le sable affleure, le botaniste est sûr de rencontrer le *Centaurea scabiosa* et ses variétés, le *Galium verum*, le *Campanula rapunculus*, aux fleurs bleues disposées en épis grêles, très-lâches au sommet des rameaux ; les nombreuses chicoracées aux fleurs jaunes, descendent dans les vallons parmi les gazons herbeux, ou choisissent un sol aride un peu montueux, ou bien s'échappent de ces collines pour descendre dans la plaine, d'autres se réfugient dans les bois pour en embellir la solitude : ce sont les *Hieracium pilosella* aux longs rejets rampants, l'*Hieracium auricula*, à la tige scapiforme, le *Hieracium sabaudum* aux feuilles d'un vert noirâtre dans leur vieillesse. Sur le bord des chemins, c'est le *Crepis virens*, le *Barkhausia*, qui viennent entr'ouvrir leurs corolles aux rayons du soleil. L'*Alyssum calycinum* se montre partout en compagnie du *Medicago minima* ; dans les talus, le *Jasione* imitant une scabieuse élève sur sa tige hérissée sa petite tête de fleurs d'un beau bleu. Dans les clairières des bois apparaît l'œillet des Chartreux, le *Dianthus carthusianorum*, type de ces beaux œillets où la richesse des couleurs vient émerveiller les regards ; un autre de ses congénères, qui ne lui cède pas en beauté, le *Dianthus superbus* se montre dans les prés couverts ou le long des bois. C'est de lui que Jean-Jacques Rousseau disait : « Il ne devrait être permis qu'aux chevaux du soleil de se nourrir d'un pareil foin. » Plus humble dans ses parties, le *Dianthus prolifer* ne s'écarte guère du bord des chemins ; il semble qu'il hésite à quitter cette station poudreuse, qui seule convient à sa corolle de peu d'éclat, de peu de durée, et que ne font pas ressortir les écailles calicinales presque scarieuses. Les moissons recèlent l'*Ajuga chamæpitys*, le *Gypsophylla muralis*, aux fleurs rose tendre supportées par des pédicelles remarquables par leur ténuité. Les pelouses herbeuses nous offrent un autre *Dianthus*, le *Deltoides* aux rameaux écartés en forme de *Delta*. Le plantain des sables, *Plantago arenaria*, se plait au milieu de ces sables favoris ; il semble vivre en société, dans certains cantons, avec l'*Arenaria rubra*, aux pétales d'un rose pourpre, qui semble former le gazon superficiel de ces sables.

Dans les stations sèches et poudreuses du bord des routes, on est presque sûr de rencontrer dans les cantons assis sur le sable le *Linaria striata*, dont les fleurs, d'un blanc lilas veiné de violet, viennent contraster avec celles de la Linaire des terrains crétacés, le *Linaria vulgaris* aux fleurs d'un jaune safrané. Si le terrain est sablonneux et reposant sur une couche d'eau souterraine, vous le reconnaissez aux tiges raides du *Juncus squarrosus*; le sable est-il inondé pendant l'hiver, cette dernière joncée est remplacée par le *Juncus tenageia* et le *Juncus bufonius* dont les fortes toufles cespiteuses offrent aux crapauds une retraite assurée. Le long des mares bourbeuses, c'est le *Juncus pygmæus* à la tige très-basse, qui forme le tapis de ceinture ; dans les bruyères humides et inondées l'hiver, le *Juncus capitatus* montre son périanthe dont les divisions se terminent en pointe sétacée. La famille des *Joncées*, famille cosmopolite par excellence, semble caractéristique des terrains humides et destinée par ses espèces aux touffes épaisses, serrées et fortement attachées au sol, à exhausser les terres marécageuses et à fixer les terres sableuses. C'est là un des grands et beaux mystères de la création végétale.

Le long de la lisière des bois, le botaniste pourra recueillir le *Silene otites*, le *Silene nutans* aux rameaux pendants à l'époque

2

de la fécondation, le *Veronica spicata* qui fait l'ornement des bois par ses beaux épis de fleurs d'un bleu céleste, le *Trinia vulgaris* aux feuilles glaucescentes, le *Sedum telephium* aux beaux corymbes purpurins, le *Melampyrum cristatum*, remarquable par ses épis quadrangulaires, aux bractées en forme de crête, espèce implantant ses racines parasites sur celles des *Brachypodium*. Les moissons offrent au collecteur la nombreuse cohorte des plantes psammophiles cultivées malgré l'homme, le *Herniaria glabra* et le *Herniaria hirsuta* qui semblent destinés à amender ces sols sableux par leur décomposition; en même temps ces plantes entièrement couchées sur la terre en plaques plus ou moins étendues ne gênent nullement la végétation de la moisson, il nous semble que le but de ces espèces se trouve ainsi nettement indiqué; les *Scleranthus annuus* et *perennis*, l'*Ornithopus perpusillus*, charmante petite espèce, le *Montia*, le *Lathyrus hirsutus* qui remplace le *Lathyrus aphaca* des plaines crayeuses, etc. Dans les versants appuyés sur le calcaire grossier le *Limodorum abortivum* apparaît dans les années qui lui sont favorables; les *Sedum villosum*, *elegans*, prospèrent à côté du gracieux *Polypodium aculeatum*. Sur les pelouses, vous rencontrerez la charmante *Erythrœa pusilla*, le *Spiranthes autumnalis*, le *Tillœa muscosa*, partout l'*Euphorbia cyparissias*, l'*Euphorbia gerardiana*, aux sucs corrosifs, l'*Artemisia campestris*, le *Statice armeria*, qui semblent caractéristiques de cette période, car ces deux dernières espèces se rencontrent dans les sables tertiaires et font défaut dans ceux du Bray. Parfois une tige d'asperge, *Asparagus officinalis*, aux feuilles fines et délicates, aux baies d'un rouge vif, vient vous rappeler que c'est la culture des sols tertiaires arides, etc.

La végétation des roches siliceuses est aussi spéciale aux *Lichens* saxicoles, qui rapprochent sous ce rapport notre flore de celle des pays de montagnes. On rencontre, sur les rochers qui dépendent des grès supérieurs et du calcaire grossier, des cryptogames tout à fait étrangers aux pierres calcaires et aux meulières. Ce sont les *Squammaria*, le *Gyrophora pustulata*, l'*Endocarpon miniatum*, les *Parmelia pustulata* et *physodes*, *adusta*, *olivacea*, le *Rhizocarpon geographicum*, l'*Isidium corallinum*, le *Lecanora badia*, rarement chez nous l'*Acropteris septentrionalis* aux rochers du bois de Morière.

Le *facies* de cette végétation est tellement varié qu'on ne peut l'esquisser. Il faut se contenter de grouper les espèces par stations : ce n'est qu'ainsi qu'on peut juger de la variété de la flore tertiaire.

PÉRIODE DILUVIENNE.

La *Période diluvienne* embrasse les terrains de transport non stratifiés d'une formation plus ancienne que l'époque moderne. Ces terrains se rencontrent dans le département sous deux formes bien distinctes : 1° dans les *vallées* où ils forment des dépôts plus ou moins considérables provenant de la désagrégation des roches transportées par de grandes masses d'eaux ; 2° dans les *plaines* où ils déposent une argile limoneuse d'une épaisseur variable.

Les courants d'eaux avaient autrefois une largeur et une rapidité dont nos cours d'eaux actuels ne nous offrent qu'une faible image; ils transportaient, en émoussant leurs angles, des masses considérables de roches qui, en se désagrégeant, ont formé les sables, les graviers, les galets et les blocs que nous rencontrons aujourd'hui dans le dépôt diluvien, sur la ligne médiane ou au plafond des vallées; les alluvions modernes recouvrent souvent ce dépôt; mais il est souvent visible surtout aux berges saillantes des lits des anciens cours d'eaux. Quatre vallées principales se rencontrent dans l'Oise, les autres en dépendent, pour ainsi dire, ou n'ont pas assez d'importance pour que nous les signalions ici.

Dans la *vallée de l'Oise*, le limon diluvien est tantôt épais, à couche argileuse-sableuse avec galets noirs provenant des terrains jurassiques ou à silex provenant de la craie, tantôt à couche peu épaisse, alors le sable prédomine sous forme de graviers : souvent les graviers sont à nu, tantôt ils sont enfouis sous une alluvion marécageuse. Partout où l'argile est unie au sable dans des proportions convenables, la terre acquiert des propriétés remarquables pour la végétation, tandis que quand le diluvium est formé de parties calcaires qui lui enlèvent sa consistance, le sol devient médiocre. Il arrive souvent que dans les lieux les plus inclinés, la couche diluvienne est plutôt calcaire qu'argileuse; on reconnaît que la roche sous-jacente est voisine. Les sols à graviers un peu légers n'ayant pas la même force de végétation sont utilisés pour la culture du chanvre, *Cannabis sativa*. Quand la vallée est à sous-sol composé de galets et d'alluvion, les parties basses sont sujettes à retenir l'humidité et donnent naissance aux *Joncées* et *Cypéracées* qui étouffent de leurs réseaux de racines les jeunes taillis, comme on peut le voir dans la forêt d'Ourscamp; les parties sablonneuses, moins productives encore, sont envahies par les *Rubus*, les *Calluna* et les *Erica* qui s'emparent du sol tout à l'entour et lui donnent l'aspect sauvage de la stérilité. De l'épaisseur de la couche diluvienne et de son mélange d'argile, de sable et de gravier ressort la différence de végétation : les terrains vagues avoisinant le lit de la rivière sont occupés par le *Spergula arvensis*, le *Corrigiola littoralis*, le *Cynodon dactylon* : si les graviers sont fréquemment inondés, les *Cypéracées* s'en emparent pour les recouvrir d'une végétation spéciale ; ce sont les *Carex riparia*, *paludosa*, *vesicaria*, *flava*, *Œderi*, *tomentosa*, *acuta*, le *Glyceria aquatica*, le *Scirpus lacustris*, le *Triglochin palustre*, *le Schœnus nigricans*, l'*Agrostis stolonifera*, les *Typha*, le *Butomus umbellatus*, etc : le sous-sol est-il composé d'alluvions marécageuses, le *Lathyrus tuberosus* apparait accompagné du *Plantago arenaria* et du *Stellaria nemorum* (très-rare).

La *Vallée de l'Aisne* comprend une couche très-large du limon diluvien et se trouve composé des mêmes éléments. Suivant que ces éléments ont une épaisseur plus ou moins grande, selon qu'ils se trouvent à nu, le sol varie dans ses qualités physiques et différencie la végétation dont il est recouvert. Voilà pourquoi la flore de la forêt de Compiègne est si variée. Tantôt les galets se montrent amoncelés entre le mont du Tremble et la plaine de Choisy, tantôt le sable apparait presque seul ou recouvert de l'alluvion marécageuse.

La *vallée de la Bresche* diffère des deux précédentes par son limon diluvien; ce dernier provient des couches tertiaires et de la craie supérieure; il se fait remarquer par son absence de gravier. L'humus qui recouvre ce limon donne plutôt à la végétation sa physionomie que le limon proprement dit.

La *vallée du Thérain* est remplie de cailloux diluviens, de silex pyromaques provenant de la craie. Les terres environnantes offrent à l'agriculture un sol enrichi des détritus pulvérulents de silice, de carbonate de chaux, d'oxide ferrique, qui, dans les parties marécageuses, forment une terre noirâtre, tourbeuse, propre à la culture maraîchère. Là, des espèces, je dirais presque vosgiennes, prospèrent et caractérisent la végétation. Ce sont les *Vinca minor*, les *Orchis viridis*, *coriophora*, *Genista sagittalis*, *Alisma ranunculoides*, *Orobus tuberosus*. Le *Monotropa* devient rare, les *Liliacées* sont assez abondantes; le *Centaurea nigra* se montre partout.

Au fond de certains vallons ou sur leurs pentes, les eaux ont souvent entraîné les argiles et les ont rendues terreuses : elles se sont amassées et sont la source de fertilité de certaines plaines. La présence des *Gagea arvensis*, *Sambucus ebulus*, *Tussilago farfara* est un indice sûr de ces dépôts et de la richesse de ces terres pour la culture.

Le diluvium des *plateaux* ou grandes plaines se rencontre dans une grande partie du département; il est spécial aux plaines de craie ainsi qu'aux régions du calcaire grossier et du calcaire lacustre moyen. Il se confond par sa base avec l'alluvion moderne, qui recouvre chacun de ces étages et est éminemment propre à la végétation par son argile plastique qui en fait le fond. Il contient aussi beaucoup d'oxyde de fer mélangé avec le sable. Le fer semble avoir la prédominance dans le diluvium de la craie; il surexcite la végétation; aussi les cultivateurs consacrent l'étendue de leurs plaines à la culture des céréales. Le botaniste a peu de découvertes à faire; il recueille en abondance les plantes cultivées malgré la volonté de l'homme qui se trouvent avec les semences qu'il confie à la terre ou qui se sont semées d'elles-mêmes quand l'époque de leur maturité précédait celle des céréales : ce sont les plantes *arvales* accompagnant les moissons. Ces plantes, malgré tout, diminuent de jour en jour, par suite de l'essor imprimé à l'agriculture : les sarclages sont plus nombreux, la sélection des graines et leur triage sont opérés avec plus d'intelligence et de soins; l'alternance des récoltes, amenant de nouvelles façons, se joint à de nouveaux instruments qui entament davantage la couche arable, coupent les racines et extirpent les mauvaises plantes; les défrichements deviennent plus fréquents et font disparaître la végétation spontanée; le drainage, assainissant le sol, le débarrasse des végétaux paludéens : (*Equisetum*, *Polygonum*, *Rumex*, *Juncus*, *Scirpus*, *Carex*, etc.).

C'est le règne des végétaux utiles à l'homme, des *Graminées* et des *Légumineuses*. Sur les coteaux où l'argile disparait, dans les plaines où les cailloux dominent, le sol est livré à la végétation ligneuse ; le *Hêtre* apparaît aux endroits calcaires et peu profonds avec le *Charme* et le *Bouleau*; le *Chêne* aux localités sableuses.

Le limon diluvien répandu sur le calcaire grossier consiste en une argile rouge, peu compacte et mélangée de sable; le plus ou moins de profondeur rend les terres plus ou moins productives.

Le limon des plateaux tertiaires des cantons de Lassigny, Ribécourt, Attichy, Noyon, est assez mince et mélangé de marnes ferrugineuses qui rendent les terres *froides* par place ; la végétation aurait peu d'activité sans les amendements qu'on lui fournit. Dans le Valois, au contraire, les terres sont renommées pour leur fertilité, mais la couche superficielle est profonde, à base presque argileuse et à couche supérieure formant un limon fin. Dans le Vexin, le dépôt diluvien des couches tertiaires se présente tantôt mélangé avec les sables moyens, et alors il communique à la terre un caractère d'aridité dû au manque de consistance et de profondeur, milieu dans lequel les racines pivotantes ne peuvent végéter (Montagny, Hénonville, Neuvillebosc, Liancourt); tantôt la couche limoneuse a plus de profondeur et se trouve jointe à des marnes inférieures de l'étage paléothérien, la fécondité du sol devient alors remarquable comme on en a la preuve dans les plaines de Lierville, de Serans, de Bouconvillers.

Le limon diluvien du calcaire moyen d'eau douce propre à la région orientale de l'arrondissement de Senlis a de l'analogie avec celui des plaines du Vexin, par ses marnes argileuses provenant des couches paléothériennes et mélangées de sulfate de chaux. La végétation des légumineuses est luxuriante, les individus sont vigoureux et d'un vert bien accusé. Le sol se montre prodigue en espèces; on reconnait la présence du gypse. La culture du pays s'en ressent et les prairies artificielles n'ont pas besoin du plâtre comme amendement. Dans le *Mulcien*, on retrouve une grande analogie avec les plaines du Vexin; l'alluvion ancienne reposant sur le calcaire d'eau douce moyen est constituée par un limon fin assis par place sur des amas d'argile. Ces terres sont éminemment propres à la culture des céréales, au Plessis-Belleville, à Rouvres, à Boullarre.

Quand le limon de la craie a été remanié, il a perdu, dans ce roulis, le sable qui le constituait en partie; on utilise alors l'argile pour la briqueterie.

Le Bray manque en général de couches diluviennes; cependant, dans la vallée, les argiles rouges alternant avec les sables ferrugineux, si on veut les rendre fertiles, il faut leur ajouter un élément calcaire; dans ce cas, les céréales de second ordre pourront être cultivées. Si dans le Haut-Bray ces argiles se trouvent remaniées avec des sables ou grès, le *chêne* peut y prospérer.

L'aperçu précédent suffit, nous croyons, pour faire comprendre aux botanistes que le relief, la proximité des vallées et des ravins, les plis de terrain doivent influer sur l'épaisseur et les qualités physiques du limon; de là les terres arables auront des forces productives relatives à ces modifications, de là l'emploi d'amendements différents, et, par suite de ces différences, la flore pourra revêtir un caractère spécial au sein même de sa diversité.

PERIODE ALLUVIENNE.

L'alluvion (*alluvius ager*) signifie une couche de terre que les cours d'eaux ont déposée à l'époque de leurs grandes crues et laissée à sec en se retirant; c'est l'époque de la période moderne qui comprend les dépôts qui se forment journellement; les éléments qui la constituent sont de deux ordres : les uns provenant des détritus de végétaux qui se décomposent, les autres des débris inorganiques des roches désagrégées que les eaux ont transportées, ou de nouvelles combinaisons de leurs principes. Ces débris animaux et végétaux enrichissent l'alluvion en la transformant en un terreau d'une fertilité remarquable et concourent à la formation de la couche arable, en même temps que les débris minéraux servent d'amendements et fournissent les sels utiles à la végétation. L'alluvion moderne se lie intimement par en bas avec la couche diluvienne des plateaux ou plaines crétacées qu'elle recouvre d'un lit plus ou moins épais sans influer sur le relief du pays; souvent elle recouvre les strates elles-mêmes, quand ces strates sont dépourvues de couche diluvienne comme dans les sables quartzeux. Dans la plupart des cas, l'alluvion dépose dans les plaines calcaires un limon très-fécond et quand les marnes inférieures gypseuses viennent à se joindre à ce limon, elles y ajoutent un principe fécondant qui dispense ces terres de l'amendement du plâtre et les rendent d'une fertilité remarquable, comme on peut le voir à Sérans, Lierville, Bouconvillers dépendant du plateau du Vexin. C'est ce qui fait que les sols d'alluvion sont les meilleurs pour l'agriculture : aussi leur confie-t-on les céréales de premier ordre · leurs éléments sont variés ; de plus, situés au fond des vallées où les eaux les entraînent, ces sols conservent davantage l'humidité nécessaire à la végétation ; ils concentrent mieux la chaleur que les terrains élevés et exposés à l'action desséchante du soleil et du vent. Quand les cours d'eau n'entraînent avec eux que très-peu de limon par suite de la faible inclinaison de leur lit, il en résulte que les eaux s'écoulent lentement, et le fond des vallées qui les reçoivent devient tourbeux, parce que certaines plantes aquatiques végètent sur des amas successifs d'autres plantes. La flore des terrains d'alluvion est généralement féconde en beaux individus, à la végétation luxuriante, aux proportions inconnues aux plantes naines, mais elle ne comprend guère que les espèces *ubiquistes* et *arvales* cultivées malgré l'homme ; car ces terrains, remarquables par leur fécondité, sont nécessairement cultivés et laissent peu de place aux plantes spontanées dans le fond des vallées. Le botaniste collecteur peut seulement, dans les atterrissements et les exhaussements du sol, rencontrer quelque plante, écartée de sa station habituelle, descendue avec les eaux ou s'élevant avec elles ; mais il la retrouve dans un rayon peu éloigné, et il en reconnaît bien vite l'habitat naturel. Les terres alluviennes sont généralement de deux sortes : dans la région crayeuse elles sont plus fortes, plus profondes, parce qu'elles participent plus ou moins de l'argile plastique qui leur est inférieure et les meilleures sont évidemment celles où l'argile est l'élément dominant ; si le sable repose immédiatement sur la craie, il est rempli de cailloux roulés et est un indice de la stérilité des terres. Dans la région du calcaire grossier, les terres sont plus tendres, plus légères et plus mélangées ; elles supportent des cultures qui ne sont pas du ressort des plaines crétacées.

TOURBES.

Dans la plupart des vallées du département, et surtout dans le plafond des vallées, on rencontre des dépôts plus ou moins étendus de *tourbes*, couche formée en grande partie par les détritus des végétaux aquatiques et paludéens recouverts souvent par le limon alluvien entraîné des coteaux voisins par l'action des eaux atmosphériques. Les fossés de séparation sont, dans bien des cas, remplis d'eaux aux couleurs irisées; c'est un indice que la tourbe est assise sur des couches de lignites et renferme des pyrites; le sédiment est alors ferrugineux. Il est facile, pour quelques tourbières de reconnaître les éléments qui ont servi à la formation de la tourbe. Il faut pour cela examiner avec attention les deux premières couches 1° la couche superficielle ou *bouzin* en langage vulgaire, où les végétaux sont à peine décomposés; 2° la tourbe *brune* chanvreuse où la décomposition est aux trois quarts achevée, mais où l'on remarque encore des débris de tiges et de racines. Les plantes que l'on observe le plus souvent appartiennent aux *Mousses*, aux *Cypéracées*, aux *Equisétacées*. Ce sont des *Sphagnum*, des *Carex*, des *Typha*, le *Schœnus nigricans*, l'*Eriophorum*, les *Alisma*, les *Plantago*, les *Sagittaria*, les *Scirpus*, les *Juncus*, le *Phragmites*, le *Corylus avellana*, le *Fagus*, l'*Acer*, etc.

La tourbe se rencontre spécialement dans la vallée de l'Aisne, près Choisy-au-Bac; dans la vallée de l'Oise, près Apilly; dans la vallée de la Verse, au marais d'Huez, près Noyon; dans le vallon de Dive, près Ville; dans le vallon de Mève, à Bussy; dans la vallée du Matz, près Marquéglise et Elincourt; dans la vallée d'Aronde, à Neufvy; dans la vallée de Brèche, à Bulles, Monceaux; dans la vallée du Thérain, à Troissereux, au Pré Martinet, à Villers-Saint-Sépulcre et le long du Thérain jusqu'à Saint-Vaast et dans une annexe à Bresles, dans la vallée de Bray, au marais de Belloy, au Béquet, à la Haute-Touffe, au Vivier-d'Angers, dans la vallée d'Automne, près Béthisy, dans la vallée de l'Ourcq, dans celle de Troesne, à Liancourt-Saint-Pierre, dans la vallée de l'Epte à Bretel. Les unes sont assises sur des lignites et exhalent une odeur sulfureuse : au marais de Huez, à Bresles, au Béquet, à Bretel où les argiles pyriteuses, en se décomposant, laissent un sédiment ferrugineux; les autres ont la craie pour base comme à Bulles et à Monteeaux, celle de Ville repose sur les sables et les argiles.

La flore contemporaine de ces tourbières est tout à fait une flore palustre, qui tire son caractère spécial des terrains particuliers qui servent de base aux couches tourbeuses. Sur ces détritus végétaux s'élèvent des tertres de *Sphagnum* mêlés d'*Anthoceros lœvis* et de *Blasia* qui contribuent à l'élévation du sol et à sa conversion en terreau fertile, des buttes nombreuses de *Polytrichum* et de *Dicranum* qui envahissent, en leur qualité de plantes conquérantes, la superficie de la tourbière exploitée. Au milieu de ces mousses apparaissent l'*Eriophorum angustifolium*, et l'*Eriophorum Vaillantii* dont les brillantes aigrettes sont mobiles au moindre souffle des vents; ce dernier affectionne spécialement les terres imprégnées de débris sulfureux; les *Cyperus flavescens* et *fuscus* garnissent les talus des tranchées de leurs gracieux épillets noirâtres ou brunâtres. Partout on trouve les touffes épaisses, serrées des *Juncus* qui, par leurs racines entremêlées, fixent et exhaussent les terrains d'alluvion; ils sont accompagnés généralement du *Scirpus bœothrion* caractéristique des sols tourbeux. Dans la vase des fossés, de nombreux représentants de la famille des *Cypéracées* viennent indiquer par leur présence le rôle qu'ils sont destinés à jouer dans l'assèchement du marais: là, c'est le *Typha angustifolia* ou le *Typha latifolia*, qui élève ses tiges garnies de sa massue duveteuse au-dessus des eaux fangeuses; ses racines puissantes ont bientôt envahi le sol du fossé, en même temps que ses touffes garantissent les petits poissons des attaques des poissons plus voraces. Plus humble dans toutes ses parties, l'*Heleocharis palustris* supplée au défaut de taille par sa rapide multiplication et se plaît dans les fossés un peu inondés; la vase vient-elle à se dessécher, il change de forme et devient l'*Heleocharis reptans;* le fossé est-il comblé d'eau stagnante, l'*Isolepis fluitans* entrecroise ses longues tiges grêles à la surface des eaux, comme dans les marais de la vallée du Thérain; à mesure que l'eau quitte la tranchée apparaissent des espèces plus ténues qui ne pourraient vivre étant submergées; ce sont l'*Isolepis setacea*, le *Scirpus cæspitosus*, l'*Heleocharis ovata*. Souvent le botaniste remarquera l'association des *Typha* avec le *Scirpus lacustris* destiné au même rôle par les détritus de sa longue tige remplie de tissu médullaire; d'ailleurs, il est bien rare que la famille si sociale des *Cypéracées* ne réunisse pas tous ses types paludéens dans les tourbières; le *Blismus compressus* se montre dans toutes les vallées, en société du *Chætospora nigricans*, les deux ubiquistes des tourbières. Le *Pilularia globulifera* tapisse d'un gazon fin le bord des tourbières assises sur des argiles néocomiennes. Dans le limon des fossés, les *Nuphar luteum* et *Nymphœa alba* enfoncent leur forte et longue souche; ces lys des étangs et des fossés tourbeux imitent l'*Hydrocharis morsus-ranæ*; ils entrouvent leurs corolles aux rayons du soleil, les ferment aux approches de la nuit pour rentrer dans l'eau d'où ils n'en sortiront qu'à l'aurore; les utriculaires, *Utricularia vulgaris*, *Utricularia minor*, achèvent la décoration des fossés par la beauté de leur corolles semblables à celles de nos belles *Calcéolaires*, espèces mystérieuses et génératrices dans le rôle de l'assèchement des marais; il semble que les moyens de se propager lui aient été accordés providentiellement pour accomplir ce grand œuvre de la création de l'humus, espèces mystérieuses par leurs vésicules qui deviennent un laboratoire où l'air se décompose pour favoriser leur développement, mystérieuses, car elles peuvent vivre quelque temps sans adhérer au sol, espèces génératrices qui, après la mort du pied mère, se reproduisent par des boutons de l'extrémité des rameaux, espèces aux semences nombreuses dont la capsule s'ouvre avec élasticité pour répandre au loin les germes de nouveaux types. Les eaux croupissantes disparaissent sous l'élégance des fleurs du *Villarsia nymphoïdes*, du *Menyanthes trifoliata*, qui offre, à l'admiration du botaniste, ses belles grappes de fleurs aux délicates corolles d'un blanc rosé, et ses charmantes étamines impossibles à reproduire et qui font le vrai désespoir du peintre. Là, c'est le *Butomus umbellatus* dont la gracieuse corolle aime à s'ouvrir au-dessus des eaux à la couleur rubigineuse; elle vient donner au botaniste le regret de ne pas la voir orner nos pièces d'eau; ici la famille des *Potamogeton* subit l'influence des milieux; elles allongent leur tige suivant l'élévation des eaux; elles modifient leurs feuilles suivant les courants : l'eau est-elle stagnante, la feuille s'évase en ovale (*Potamogeton natans*), le fossé vient-il à se rétrécir et à donner plus de courant, la feuille semble se plier à cette exigence (*Potamogeton longifolium*); le courant est-il intermédiaire, la feuille est moins longue et conserve son ovale (*Potamogeton oblongum*); l'action du courant est-elle plus rapide, les *Potamées* quittent les tourbières pour chercher l'eau vive et les feuilles s'ondulent dans les ruisseaux à fond caillouteux (*Potamogeton crispum*); la rapidité devient-elle assez forte pour que l'eau marche par soubresauts dans son lit inégal, les feuilles sont moins serrées, elles paraissent interrompues (*Potamogeton laxifolium*) ou s'allongent de beaucoup (*Potamogeton gramineum*). Les *Carex Mairii*, *œderi*, *pseudo-cyperus*, *stellulata*, *leporina*, *muricata*, *disticha*, *remota*, *vesicaria*, *ampullacea*, etc., s'emparent du sol, comme s'ils étaient appelés par leurs racines fibreuses et aimant l'eau à former de nouvelles tourbières destinées à perpétuer les anciennes et à fournir un combustible économique à la classe pauvre. Sur leurs débris qui auront comblé et asséché les marais, d'autres *Carex* s'élèveront destinés à leur tour à fixer ces sols mouvants et à les recouvrir d'une végétation cespiteuse. Le long des fossés, le *Pinguicula vulgaris* étale sa rosette de feuilles charnues et semble une violette égarée; le *Nasturtium officinale* offre au botaniste sa variété *siifolium*; c'est au milieu de ces fossés fangeux que nous sommes sûrs de faire une récolte abondante : on y trouve le *Rumex maritimus*, l'*Hippuris vulgaris*, les *Myriophyllum*, le *Triglochin*, les *Bidens tripartita*, *cernua* et la variété *minima* des sols pyriteux, dont les belles fleurs, nous rappelant les *Coreopsis* de nos jardins, viennent contraster avec la verdure sombre des *Sium latifolium*, *repens*, *inundatum*, *nodiflorum*. La famille des *Salicinées* vient fixer, par les racines de ses espèces, la terre des talus de ces fossés; on y rencontre spécialement les *Salix triandra*, *fragilis*, *seringeana*, *depressa*, *repens*; ce dernier caractéristique; leur feuillage soyeux-argenté adoucit le ton général de ces espèces paludéennes au feuillage plus ou moins sombre. Dans les fossés asséchés, le *Limosella aquatica*, espèce rare, vient frapper les regards par ses feuilles en ellipse et entoure les *Montia* de ses rejets rampants; sur le tertre de la vase asséchée se montre le *Scutellaria minor* : au fond de fortes touffes de *Polytrichum*, l'*Exacum filiforme* décèle sa présence par sa corolle jaune qui semble suspendue à un fil.

Au milieu des flaques d'eau croissent les *Drosera*, à l'aspect si bizarre, aux feuilles glanduleuses, le *Parnassia palustris*, dont la fleur, d'un blanc pur, cache un des plus brillants mystères de la fécondation. Le long des tranchées nouvelles d'exploitation remplies de sédiment ferrugineux apparaît la cohorte des plantes nuisibles, des espèces au feuillage douteux, à la coloration incertaine, indice sûr de leurs propriétés toxiques. Ce sont : le *Ranunculus lingua*, à large corolle, contrastant par sa fleur jaune avec les fleurs blanches des Renoncules de la section *Batrachium* couvrant la surface des fossés, le *Comarum palustre* épanouissant sa corolle pourprée, espèce rare aimée des botanistes; le *Ranunculus polyanthemos*, le *Phellandrium aquaticum*, l'*Ænanthe Lachenalii*, l'*Ænanthe fistulosa*, les *Selinum carvifolia et chabrœi*, rarement le *Cicuta virosa*, espèce recherchée des botanistes dans la vallée du Bray, ombellifères suspectes dans leur feuillage, vénéneuses dans leurs sucs; comme pour faire cortége à ces espèces funestes, hors des fossés, dans le plafond de la tourbière, le botaniste aperçoit l'*Atropa belladona*, aux corolles rouge-ferrugineux se mettant en harmonie avec ces tristes lieux, le *Solanum ochroleucum* indiquant par cette coloration incertaine le terrain qui lui sert d'aliment, partout le *Thalictrum flavum* aux légères panicules se métamorphosant en *nigricans* au milieu des eaux pyriteuses, le *Ranunculus philonotis* aux feuilles épaisses, aux fleurs pâles à coloration jaunâtre caractéristique de ce sol, l'*Aconitum napellus*, espèce septentrionale par excellence, spéciale à la vallée d'Automne, égarée dans la vallée de Troesne. Les tourbes extraites et desséchées voient végéter le *Braya supina* et quelques *Dicranum*. Le fond même de la tourbière est luxuriant aussi de végétation; il est recouvert d'un tapis d'*Anagallis tenella*, plante délicate aux fleurs roses, au-dessus de laquelle s'élève le *Gentiana pneumonanthe* aux fleurs bleues campanulées. Autrefois le marais de Bretel offrait aux recherches des herborisateurs le *Cineraria palustris*, qui a disparu par suite de l'assèchement du massif tourbeux; une de ses congénères, le *Cineraria campestris*, se retrouvait encore il y a quelques années dans le marais de Froidmont et de Rue-Saint-Pierre, où nous l'avons cueilli en compagnie d'illustres botanistes. Partout on rencontre le *Cirsium anglicum*, plus commun cependant dans la vallée de l'Oise; le *Sonchus palustris*, rare ailleurs que sur les bords de l'Avelon, les *Orchis coriophora*, *viridis*, *palustris*, *laxi-*

flora aux fleurs irrégulières, l'*Euphorbia palustris*, aux capsules tuberculeuses, le *Verbascum thapsoïdes*, les *Scorzonera*, les *Equisetum* et le rare *Equisetum hiemale*, le *Diplotaxis muralis*, le *Gnaphalium uliginosum*, aux tiges recouvertes d'un duvet blanc de neige, le *Tetragonolobus siliquosus*, le rare *Lathyrus palustris*, le *Galium supinum*: quelques tourbières sont caractérisées par certaines espèces spéciales; celles de la vallée de Bray par le *Splachnum ampullaceum*, celles de la vallée du Thérain par l'*Allium ursinum*, digne d'orner nos jardins, par le *Geum rivale* qui dresse partout sa corolle orangée, objet d'enthousiasme pour le botaniste parisien, celles de Sacy-le-Grand par le *Viola palustris* aux feuilles réniformes, par le *Spiræa filipendula* dont les tubercules de la racine ressemblent à un fil qui pend (*filum pendulum*), à la légère panicule de fleurs; les vallées d'Automne et de Thève offrent aux herborisateurs parfois le rare *Malaxis Lœselii*; le *Spiranthes æstivalis* se rencontre dans quelques prés au fond tourbeux à Liancourt-Saint-Pierre, etc. Les *Epilobium palustre*, *roseum*, *tetragonum*, *hirsutum*, confient aux vents leurs semences qui, mollement abritées dans leur duvet, voguent au milieu des airs et vont perpétuer leur espèce dans les marais voisins. Nous ne parlons pas des *Alisma*, des *Sagittaria*, etc., qui se rencontrent dans toutes les stations paludéennes : ils ont droit de cité partout où le sol est marécageux et fangeux. Dans les pentes humides à fond argileux rougeâtre, on est sûr de rencontrer le *Neottia spiralis*, les *Stellaria*, les *Sagina*, les *Mentha*, etc. Mais nous arrêtons ici cette nomenclature que nous pourrions augmenter; elle suffit grandement pour démontrer combien les explorations dans les tourbières de l'Oise sont riches en belles et rares espèces.

TABLEAU DES ALTITUDES.

Les *altitudes* jouent un rôle important au point de vue de la phytostatique : elles déterminent le relief propre à chaque formation. L'exposition des pentes, la direction des collines, l'affleurement des diverses couches qui composent le sol des éminences influent, sans aucun doute, sur la distribution des végétaux : chez nous il est plus facile de négliger les altitudes que dans les pays de montagnes, car le maximum n'est pas assez élevé pour qu'il puisse modifier d'une manière remarquable l'aspect général de la végétation. Cependant nous devons donner, d'après la carte du dépôt de la guerre et les indications de M. Graves, les différentes altitudes de l'Oise importantes. Dans la publication du Catalogue, nous noterons les différentes expositions qui nous paraissent surtout propices à l'évolution de certaines plantes.

La croupe du Bray présente du sud-ouest au sud-est, en marchant suivant l'axe de soulèvement, les côtes principales suivantes :

Bellefontaine, carrière sur la route de Songeons à Sorcy, terrain kimméridien........................... ..... 214m

Bois-Aubert (moulin à vent), terrain kimméridien...... 214

Lanlu (moulin à vent), terrain kimméridien........... 208

Evaux (carrière d'), terrain portlandien................ 201

La Place (carrières de), par le chemin de Ville-en-Bray, terrain portlandien.. 188

Courcelles (signal de), terrain néocomien............. 240

Mont-Benard, entre Savignies et La Frénoye, terrain néocomien.. 222

Marivaux (butte boisée), terrain néocomien............ 209

Largillière (bois de), terrain néocomien............... 205

Saint-Germain-la-Poterie (friches de), terrain néocomien. 174

Sorcy (calvaire de), entre Saint-Paul et Sorcy, terrain néocomien.. 124

L'Italienne (bois de), lisière vers l'est................. 102

Belloy (bois de), Seuil sur la route de Gisors......... 95

Montoiles (butte de).. 92

Ainsi, le terrain kimméridien qui forme la partie moyenne de l'axe du haut Bray, présente une élévation à peu près égale de 210 à 214 mètres.

La ceinture du Bray, appartenant au système crétacé supérieur, se rattache, par ses altitudes, au terrain de craie. Les côtes principales de hauteur, prises sur la falaise qui forme la bordure du sud en allant du nord-ouest au sud-est, donnent les altitudes suivantes prises sur la craie blanche :

Trou-Jumel (ferme du)...................................... 235m

La Neuville-Garnier (bois de)............................ 231

Lalandelle (moulin de)............................ 230m
Saint-Aubin (moulin de)............................ 230
Malassise............................ 228
La Neuville-sur-Auneuil............................ 229
La Neuville-d'Aumont et Aumont (point entre).......... 225
Claude-Pelet (buisson)............................ 225
Le Coudray-Saint-Germer (moulin de pierre)........... 224
Marché-Godard............................ 224
Mole (bois de)............................ 224
Auteuil (larris au-dessus d')............................ 222
Dervetois............................ 220
Coudray-Belle-Gueule (buisson du)............................ 219
Fly (mont de)............................ 207
Sous-Marqué (hameau de)............................ 205

Les côtes suivantes de nivellement marquent les points principaux de la bordure du nord.

Bec-au-Vent, craie blanche............................ 211m
La Côte (bois de), lisière est au dessus de Canny, craie blanche............................ 210
Escames (plateau), entre Escames et Longavesnes, craie blanche............................ 189
Vauchelles (bois de), craie blanche............................ 185
Détroit (coteau du), craie blanche............................ 178
Gerberoy, craie blanche............................ 175
Saint-Martin-le-Nœud (sommité au nord-est de), craie blanche............................ 173
Mont Saint-Adrien (plateau du), craie blanche......... 172
Lhéraule (plateau), entre Lhéraule et La Neuville-sur-le-Vault, craie blanche............................ 171
Forêt du Parc (lisière sud de la), craie blanche........ 170
Gorguets (bosquets des), sur la route de Savignies, craie blanche............................ 161
Frocourt (plateau de), craie blanche............................ 149
Hodenc-Lévêque, craie chloritée............................ 147
Abbecourt (vers l'est, chaussée Brunehaut), craie chloritée............................ 140

Les altitudes constatées sur les buttes de glauconie crayeuse leur assignent un niveau inférieur de 60 mètres à la crête de la grande falaise; elles sont pour :

Montagny.................................... de 169m
Calmont, près Cuigy.................................. 167
Vaux (butte de)... 148
Trou-Marot... 143
Eaux-Ouïes (tertre des)................................. 142
Troussures et **Friancourt** (buttes de)................ 134
Grumesnil (butte de)...................................... 132
Berneuil (tertre de).. 128

Les côtes de la craie blanche varient suivant différentes directions.

Moliens (ligne anticlinale entre les vallées de l'Oise et de la Somme).. 213

Crevecœur (ligne anticlinale entre les vallées de l'Oise et de la Somme).. 177

Froissy (ligne anticlinale entre les vallées de l'Oise et de la Somme).. 158

Formerie (ligne séparative du bassin de l'Oise et de la rivière de la Bresles)............................ 226

Secqueville (moulin de) ligne séparative du bassin de l'Oise et de la rivière de la Bresles)................. 221

La Motte (ferme de) (ligne séparative des bassins de la Bresles et de la Somme)........................... 220

Haleine (bassin de la Somme)........................ 210

Loueuse (moulin à vent de) (ligne perpendiculaire au Bray)... 194

Grandvilliers (ligne perpendiculaire au Bray)........ 193

Formerie (ligne parallèle à l'axe du Bray)........... 226

Plateau au nord du bois du Parc (ligne parallèle à l'axe du Bray).. 140

Etoile du bois du Parc (ligne parallèle à l'axe du Bray). 121

Saint-Just-des-Marais (bosquets de) (ligne parallèle à l'axe du Bray).. 85

Pisseleu-aux-Bois (moulin de) ligne médiane de l'ouest à l'est)... 172

Fumechon (moulin de) (ligne médiane de l'ouest à l'est).. 138

Trémonvillers (ferme de) (ligne médiane de l'ouest à l'est... 118

Le relief de la glauconie inférieure diffère peu des mouvements de terrains des plaines crayeuses. Leur altitude ne dépasse pas celle de l'étage crétacé.

Le terrain marno-charbonneux déposé sur la craie et le sable suit l'abaissement graduel de ces deux éléments.

Les sables glauconieux, moyens et inférieurs, qui constituent toutes les pentes par lesquelles les plateaux de calcaire grossier se relient au niveau de la craie, ont une puissance variable à cause des inégalités de terrain crayeux sur lesquels ils reposent.

Le groupe calcaire décroît de 120 à 130 mètres des coteaux de Noyon aux plaines de Senlis. Il donne les principales cotes suivantes :

Grandru (plateau de)	180^{m}
Vez (plateau de)	153
Chêne-Herbelot	136
Ponchon (plateau de)	134
Mouchy-Châtel (plateau de)	113

Le calcaire du Vexin, parallèle à la vallée du Thérain, pour la décroissance, donne les côtes suivantes :

Chambors (carrières de)	148^{m}
Grainval (bois de)	148
Hénonville (au-dessus de)	144
Mont-Ouin	139
Vivray (au-dessus du)	137
Amblainville	137

Les altitudes relevées pour l'étage du calcaire lacustre moyen donnent les cotes suivantes :

Mont-Luat (près de Rosières)	153^{m}
Beaulieu (orme de)	147
Saint-Ouen (ferme de, sur le plateau de Boullars)	141
Rosoy-en-Multien (à l'Orme-Plaideur, au-dessus de)	140
Montagny-Sainte-Félicité (église de)	115
Eve (moulin d')	114
Merière (bois de)	99

Les altitudes du calcaire lacustre supérieur décèlent un abaissement du nord au sud, conséquence de l'inclinaison générale des terrains tertiaires vers le cours de la Seine. Voici les principales :

Mont-Pagnotte	220^{m}
Sérans (molière de)	211

Neuvillebosc 210m
Monjavoult 205
Montmélian 202
Saint-Christophe-en-Halatte 199
Châvres 184
Brassoire 157

Nous ne poussons pas plus loin ce tableau des altitudes, les autres cotes sont insignifiantes et ne sauraient influer sur la végétation. C'est dans le pays de Bray que se trouve le maximum de hauteur à 235 mètres, le minimum est au bord de l'Oise, sur la limite méridionale, au-dessous de l'embouchure de la Thève à 22 mètres. La température moyenne de l'année se prend en multipliant la moyenne précise de chaque mois de la période végétative par le nombre de jours de cette période ; d'après cela on a observé que cette température moyenne pour l'ensemble des mois de végétation (du 1er avril au 1er octobre ou du 1er mai au 1er septembre) diminuait selon l'altitude et que la période végétative devenait d'autant plus courte. C'est donc en phytostatique une donnée très-importante. En général, cette diminution est de *un degré pour* 160 *à* 200 *mètres d'altitude*. On voit donc que dans cette table des altitudes de l'Oise, il était inutile de signaler celles qui ne pouvaient influer sur la végétation du pays. Nous reconnaîtrons surtout l'influence de ces altitudes dans le chapitre *Météréologie*.

ÉTENDUE, SURFACE, LIMITES DU DÉPARTEMENT.

Le territoire de l'Oise se trouve entre la quatrième et la quarante-sixième minute du quarante-neuvième degré de latitude nord (54g 51 et 55g 29) et entre la quarantième minute (0" 76) de longitude ouest et la cinquantième minute (0" 92) de longitude est.

Son étendue superficielle, d'après les dernières données officielles, est de 589,056 hectares ou 58 myriamètres 90 kilomètres carrés 56 centièmes.

Les terres labourables comprennent, en négligeant les fractions .... 406,402 h.

Les forêts et bois	106,346
Les jardins d'agrément et les jardins potagers	7,738
Les vignes	2,167
Les vergers et pépinières	4,648
Les oseraies, aunaies, saussaies	1,636
Les friches nues ou plantées et les bruyères	9,924
Les carrières, marnières, tourbières, sablonnières argilières et les cendrières	300
Les marais et pâtis	3,868
Les prairies et herbages	27,230
Les chemins, routes et places, chemins de fer, ponts.	14,703
Les terrains surbâtis	5,511
Les cultures diverses, chenevières, cressonnières, etc.	2,383

Les terres labourables occupent environ les 68 centièmes de la superficie générale et sont consacrées au froment, à l'avoine, au seigle, à l'orge en alternance avec la luzerne, trois trèfles, le sainfoin, la vesce, les turneps, les betteraves, le colza, l'œillette, etc...

Ainsi une vingtaine d'espèces cultivées par l'homme s'emparent de plus des deux tiers de l'étendue du département. Il est vrai qu'au milieu de ces cultures le botaniste rencontre beaucoup d'espèces cultivées malgré l'homme et qui l'accompagnent partout; mais, en réalité, ces espèces ne sont pas spontanées et ne rentrent pas dans le cadre de la flore primitive du département.

Le sol forestier forme environ les 18 centièmes de la superficie : il est occupé par une vingtaine d'essences, hêtre, charme, orme, frêne, bouleau, sapin, etc. Ces bois et forêts, plantés et aménagés par la main de l'homme, ne conservent que très-peu de plantes que l'on puisse considérer comme indigènes.

Les prairies peuvent comprendre environ une vingtaine d'espèces. C'est donc en résumé soixante à soixante-dix espèces cultivées volontairement par l'homme pour son usage, qui couvrent plus des quatre-vingt-six centièmes de l'étendue totale du département. On voit combien peu de terrain reste pour la végétation spontanée; de plus la culture étend de jour en jour son empire, les marais sont desséchés, des fossés sont comblés, des prairies sont drainées, des terrains incultes sont boisés, des vignes sont arrachées : par suite de ce développement progressif de la culture, il restera à peine un dixième du terrain accordé à la flore indigène. Il deviendra dans l'avenir de plus en plus difficile de pouvoir recueillir des matériaux suffisants pour en juger et surtout pour établir les lois de la géographie botanique. Ces considérations sont de nature à décourager les botanistes; aussi croyons-nous avoir rempli un rôle utile en consignant dans cette brochure les documents qu'il nous a été permis de constater : c'est une raison de plus de faire appel à tous les botanistes de l'Oise et de leur recommander d'étudier avec ardeur notre belle flore, car elle disparaît chaque jour, et de ne point colliger les espèces en vandales destructeurs : qu'ils mettent de la sobriété, je dirai même de la parcimonie, dans le nombre des échantillons qu'ils recueillent, et qu'ils évitent ainsi le reproche d'égoïsme qu'on se plaît à donner aux collectionneurs de tous genres. Il est vrai que quelques botanistes moins timorés que nous prétendent que les envahissements de la culture n'ont fait perdre que quelques rares espèces, telles que le *Cineraria palustris* par suite du dessèchement des marais de Bretel, le *Lathrœa squamaria*, espèce subalpine détruite par le défrichement du bois de Formerie, l'*Oxycoccos palustris* qui existait dans la vallée de la Thève avant l'assèchement des marais tourbeux, etc. Ils assurent qu'en général ces défrichements et ces assèchements font descendre les plantes des coteaux dans les plaines ou les confinent dans des marais voisins; ils prétendent que l'aire seulement est plus restreinte, que quelques stations disparaissent, mais que les espèces continuent de végéter. Leur assertion peut-être vraie jusqu'alors, mais on ne peut s'empêcher de penser qu'un moment viendra où le terrain manié et remanié n'offrira plus aux plantes les éléments nécessaires à leur évolution, tels que la fraîcheur de l'abri. ou l'humidité du sous-sol, etc., et les espèces dépaysées deviendront comme des espèces non natives et disparaîtront d'un sol qui ne leur convient plus. Autant la richesse du pays gagne à ces empiètements de l'agriculture, autant la flore spontanée a de pertes à déplorer.

AGRICULTURE.

L'état de l'agriculture dans un pays est loin d'être indifférent au botaniste ; par là il juge de l'aspect général du pays ; par l'entretien des routes il devine quelles plantes envahiront le bord des chemins ; par la faveur dont jouira le drainage il pressent quelles plantes il aura à regretter. Le défrichement lui fait comprendre quelles plantes auront perdu leur abri, le reboisement lui annonce les espèces qu'il doit retrouver. Cette physionomie générale du pays est donc un élément à consulter dans la diffusion des espèces. La viabilité du département est bien entretenue, et si l'on compare nos voiries aux routes et chemins que l'on rencontrait il y a trente ans à peine, on ne peut faire que l'éloge de l'administration. Il n'existe plus maintenant de chemins, même dans la région argilo-sablonneuse, sillonnés d'ornières profondes qui les rendent impraticables dans la saison pluvieuse. Dans beaucoup de localités, souvent les charrois d'hiver ne pouvaient s'effectuer qu'à dos d'homme et les populations de villages voisins étaient obligées de cesser leurs relations et d'employer des chaussures particulières. Les routes sont maintenant bonnes partout, l'administration des ponts-et-chaussées et l'agence voyère emploient tous leurs soins à leur entretien, le conseil général est entré dans une voie de progrès pour la vicinalité, les communes comprennent mieux leurs véritables intérêts et partout s'étendent des routes qui se relient comme par un réseau, routes bien entretenues, bien alignées, s'égouttant facilement, bordées de larges fossés, surtout sur les plateaux où les eaux pluviales n'ont pas d'écoulement. Les larges et belles chaussées sont bordées d'*ormes* dans quelques cantons, mais principalement de *pommiers* et de *poiriers*, disposés en quinconces. Dans la région plus méridionale, les arbres plantés le long des routes servent de support à des *vignes* qui en entourent le tronc et s'élancent le long des rameaux, comme dans la vallée de Pontpoint, dans les cantons de Creil et de Liancourt. Dans le pays de Bray, le genêt à balai, *Sarothamnus scoparius*, l'ajonc épineux, *Ulex europœus*, égaient le bord des routes par les belles fleurs jaunes dont ils sont chargés en même temps que les rameaux diffus et épineux de la seconde espèce nous rappellent l'aspect sauvage de ce pays. Les pointes acérées dont l'ajonc est armé interdisent au voyageur le passage des haies et maintiennent le botaniste dans l'idée que cette plante n'est pas spontanée et qu'elle a dû être plantée comme clôture. Dans la région qui consacre aux herbages de grandes étendues, la route se trouve bordée de haies destinées à empêcher les bestiaux de quitter le parc; ces haies se multiplient à l'approche des villages; elles sont généralement composées de *Berberis vulgaris*, épine-vinette, dont les grappes de fleurs jaunes, en s'entremêlant aux fleurs blanches de l'aubépine, *Cratœgus oxyacantha*, produisent un très-bel effet au printemps. Le fusain, *Evonymus europœus*, aux beaux fruits d'un rouge éclatant, le houx, *Ilex aquifolium*, dont le feuillage luisant contraste avec les riches couleurs des fruits, le *Prunus spinosa*, dont la douce odeur des fleurs rivalise avec le parfum de l'aubépine, sa variété *Macrocarpa* des haies de Lamorlaye, le *Prunus insititia*, espèce rare, le *Mespilus germanica*, néflier, le *Cydonia vulgaris*, coignassier, que l'on introduit dans les clôtures, avec le *Ribes uva-crispa*, groseiller à maquereaux, sont, en général, les espèces constitutives de ces haies autour desquelles s'enroulent le *Lonicera periclymenum*, le *Clematis vitalba*, le *Convolvulus sepium*, le *Humulus lupulus*, houblon, ce dernier surtout dans les vallées où il était cultivé.

Si nous quittons le bord des routes pour jeter un regard sur la culture, nous apercevons, suivant les cantons, la grande ou la petite culture, mais généralement la tendance au morcellement se fait remarquer partout; l'amélioration des instruments agricoles, jointe à l'assolement mieux entendu et à l'introduction des prairies artificielles ou des plantes sarclées, fait disparaître beaucoup de ces plantes nuisibles aux récoltes dont les champs étaient infestés autrefois.

La physionomie du département sous ce rapport est analogue à celle des départements agricoles, et nous n'avons rien à remarquer de spécial ni dans le mode de culture, ni dans les engrais; quelques localités seules tirent de leur situation spéciale un engrais particulier; les populations riveraines du Thérain utilisent à cet égard les *Ranunculus aquatilis* et les longues herbes que l'on coupe dans les rivières; les populations voisines des grandes forêts se font une ressource du *Pteris aquilina* qu'ils étendent en litière : ce fumier imprime aux champs une coloration grisâtre remarquable.

L'époque des semailles et de la récolte varie généralement de quinze jours, suivant l'exposition des cantons et leur altitude différente, et n'offre sous ce rapport aucune particularité.

La culture des prairies artificielles s'étend de jour en jour; elle date de l'année 1762, époque à laquelle le comité d'agriculture, dans l'élection de Beauvais, fournit aux cultivateurs des graines de nouvelles légumineuses comme fourrages par les soins de M. Berthier de Sauvigny, intendant de la généralité. A partir de ce moment, le *Medicago sativa*, luzerne, prit une place importante dans les assolements, surtout dans la région méridionale, avec le *Medicago lupulina*, minette, qui plaît spécialement aux bêtes ovines; vers la même époque et grâce au concours du même comité s'introduisit la culture du trèfle incarnat, *Trifolium incarnatum*, du trèfle des prés, *Trifolium pratense*, qui vinrent accompagner, sans la détrôner, la culture du *Trifolium repens*. Un peu plus tard, en 1770, le comité d'agriculture continua son œuvre de progrès en introduisant le sainfoin, *Onobrychis sativa*. La culture de la pimprenelle, *Poterium sanguisorba*, fut essayée, en 1782, à Senéfontaine. Depuis, cette liste des plantes fourragères ne s'est guère accrue; quelques tentatives ont été faites, entre autres, en 1842, à Lannoy-Cuillière, pour la culture de l'*Ulex europæus* à l'usage des bestiaux, de l'ortie, *Urtica dioica*, que M. Gibert a essayée de cultiver comme plante fourragère à Frocourt; mais ces malheureux essais n'ont fait que donner une impulsion plus grande à la culture des plantes fourragères d'une valeur alimentaire incontestée.

Les nombreuses vallées auxquelles le relief tourmenté du pays a donné naissance sont, sur le parcours des cours d'eaux, occupées par des prairies naturelles qui sont l'origine d'un commerce considérable pour le département. Les prés des parties basses se divisent généralement en deux classes, ceux assis sur un sol humide, sablonneux, mais dépourvu d'eau stagnante et par suite de plantes marécageuses; ils donnent le meilleur foin, le plus estimé après les foins venant sur les parties hautes: viennent ensuite les prés de la vallée du Thérain, à fond tourbeux, donnant un foin gros et mou, mêlé de nombreuses renonculacées, de caricinées, de joncées et de graminées-roseaux; ces prairies sont souvent irriguées, soit par l'œuvre volontaire, mais irréfléchie de l'homme, soit par suite des crues d'eaux ; ces irrigations trop souvent réitérées refroidissent le sol et détruisent les graminées et les légumineuses, espèces constitutives des bonnes prairies.

Les cultures spéciales comprennent pour les céréales :

1° Le blé commun, *Triticum sativum;* le *Triticum turgidum;* le *Triticum monococcum* pour les terres médiocres; le blé Lammas ou blé rouge anglais dont la culture avait pris, il y a quelques années, une grande extension, mais qui rétrograde depuis huit ans parce que les hivers rigoureux lui ont été plus funestes qu'à nos blés ordinaires; le blé de mars barbu ordinaire; le blé de miracle, variété curieuse qui présente comme une masse de plusieurs épis soudés ou greffés les uns sur les autres, mais qui dégénère promptement et répand un épi simple dans les terres médiocres, etc. Des agriculteurs distingués se plaisent à faire l'essai des variétés recommandées par les sociétés d'agriculture;

2° Le seigle, *Secale cereale*, dont on ne cultive qu'une seule espèce botanique comprenant plusieurs variétés qui sont : seigle d'hiver; seigle de mars; seigle de la Saint-Jean, variétés du seigle d'automne rendu plus petit par la moindre durée de sa végétation;

3° L'avoine, *Avena sativa*, et les diverses races d'un mérite reconnu; l'avoine noire de Brie; l'avoine à grappes de Hongrie, *Avena orientalis;* l'avoine blanche; l'avoine de Champagne;

4° L'orge, *Hordeum vulgare;* l'escourgeon, *Hordeum vulgare hybernum;* la petite orge, *Hordeum vulgare sativum;* l'orge céleste, *Hordeum vulgare nudum;* la grosse orge à deux rangs, *Hordeum distichum;* la grosse orge nue, *Hordeum distichum nudum;* l'orge du Népaul, *Hordeum tricuspidatum*, introduite par M. Bazin, du Mesnil-Saint-Firmin;

5° Le méteil, employé surtout dans la petite culture.

Les cultures de plantes oléagineuses et de plantes servant à d'autres usages sont plus diversifiées; occupant des étendues de terrain moins grandes, il est plus facile d'y consacrer un petit espace et de tenter à peu de frais un essai d'amélioration. Presque toujours la propagation de ces plantes nouvelles dans l'assolement a suivi l'impulsion donnée à l'industrie : c'est ainsi que l'établissement de sucreries a vulgarisé la culture de la betterave, *Beta vulgaris* et de ses variétés. La pomme de terre, *Solanum tuberosum*, n'a guère été introduite dans quelques parties du département que vers 1760; longtemps sa culture est restée confinée sans pouvoir s'étendre, malgré la vive et puissante impulsion que lui donnaient le bureau du comité d'agriculture et des hommes véritablement amis du progrès, comme M. de Larochefoucauld, M. le président de Corberon, etc. Il fallut l'épreuve des disettes de 1812 et de 1817 pour donner à cette culture des lettres de naturalisation; depuis elle s'est propagée, et partout maintenant, surtout dans les sables tertiaires qui lui sont favorables, la pomme de terre est cultivée, non-seulement au point de vue de l'usage personnel, mais encore comme branche de commerce. L'invasion de la maladie des tubercules amène l'introduction de jour en jour de nouvelles variétés qu'on espère trouver plus rustiques et à l'abri de la maladie.

Le colza, *Brassica oleracea campestris*, se répand beaucoup depuis quelques années; il a dû cette rapide propagation aux bénéfices qu'il a donnés aux cultivateurs en même temps qu'il se combine fort bien avec les meilleurs systèmes d'assolement. D'ailleurs on retire de cette culture des produits variés : outre l'huile qu'on extrait de ses grains, les tourteaux de ses résidus peuvent servir de nourriture aux bêtes bovines et d'engrais fertilisants; de plus ses tiges peuvent servir de litière ou de combustible pour chauffer le four.

Dans les sols légers et possédant l'élément calcaire, les cultivateurs donnent la préférence à la navette sur le colza. La navette, *Brassica napus oleifera*, est moins exigeante sur la qualité du terrain et est moins affectée par le vent et la sécheresse. Le pavot des jardins, *Papaver somniferum*, cultivé dans les jardins comme fleur d'ornement, l'est dans les champs pour en retirer l'huile d'*œillette*. Il est généralement cultivé au point de vue de la consommation de chaque ménage.

De petites parcelles sont actuellement consacrées à la culture de la cameline, *Camelina sativa*. Elle était autrefois cultivée en grand, par suite de sa faculté à prospérer en toute espèce de terrain, quelque médiocre qu'il soit. Les pavots, les colzas, les lins, ont détrôné cette culture dont quelques cantons même sont complétement déshérités.

Le chanvre, *Cannabis sativa*, et le lin, *Linum usitatissimum*, sont cultivés de temps immémorial dans le département, mais la situation actuelle de la culture de ces plantes présente des différences remarquables sous le rapport de leur étendue et de leur importance selon les localités. C'est principalement dans les terrains bas et humides que la culture du chanvre s'est propagée ou conservée, comme dans le pays de Bray, dans les vallées de l'Aisne, de l'Automne, de l'Ourcq, de l'Oise, entre Noyon et Compiègne, entre Pont-Sainte-Maxence et Liancourt. On n'en voit aucune trace sur les coteaux, ni sur les plateaux qui constituent une grande partie de la surface du département. La station favorite du chanvre, si l'on a égard à la nature du sol, semble être de préférence dans les terrains argilo-sablonneux qui séparent les diverses formations calcaires. Ainsi, si l'on examine le pays de Bray qui embrasse une partie des cantons de Songeons, du Coudray et d'Auneuil, la culture du chanvre se concentre dans les sols qui présentent, au jour, les argiles rouges et les sables ferrugineux immédiatement inférieurs à la craie. Les vallées de l'Aisne, de l'Automne, de l'Ourcq, bordées par des coteaux de calcaire grossier, offrent dans leurs fonds les argiles plastiques et les sables glauconieux qui recouvrent la craie et qui paraissent former la base d'un sol très-approprié à la culture du chanvre. Si nous parcourrons les terrains affectés à la culture du chanvre aux environs de Noyon, de Clermont, de Liancourt, et à l'ouest du canton de Chaumont, nous voyons que cette culture réussit le mieux dans les lieux qui forment la séparation des calcaires crayeux et grossier; c'est là que se présentent les deux conditions favorables au chanvre, un sol humide et sablonneux. Voilà pourquoi les cantons de Formerie, de Grandvilliers, de Crevecœur, de Froissy, de Marseille, de Nivillers, etc., sont déshérités de cette culture; la région crayeuse du nord-ouest, du sud-ouest du département, présente un sol trop sec, lorsque la craie est superficielle, ou trop constamment froid et humide, lorsqu'entre la terre végétale et la craie s'interpose une couche d'argile glaiseuse qui empêche l'infiltration des eaux pluviales. Bien que la culture du chanvre doive suivre l'accroissement constant de la population, elle n'a pas toutefois subi un développement progressif. Il est constant que cette culture a diminué de plus de moitié : cette diminution s'est fait surtout remarquer dans l'ancien Valois, où le nom du village de Sennevières (Chennevières), indique une industrie considérable; à Boissy-Fresnoy, où l'on dîmait, en 1581, dans les environs de la forêt du Lys, dans la vallée du Thérain, dans celle de Bray, dans les cantons de Froissy et de Saint-Just, qui paraissent abandonner complétement cette culture. Cette diminution est attribuée à la température devenue plus froide et plus variable, et par suite diminuant la valeur des produits sur le plateau de Gouvieux, à l'abondance et au bas prix des toiles importées dans la vallée de Bray qui amènent la décroissance de cette culture; les chanvrières du canton de Nanteuil, en présence de la supériorité des chanvres de la vallée d'Automne, laissent la place aux céréales plus importantes dans leurs produits. La même cause a agi sur les cantons de Saint-Just et de Froissy auxquels Pont-Sainte-Maxence donne des chanvres supérieurs. Dans la vallée du Thérain, les manufactures qui se sont établies partout ont amené une élévation du prix de la journée de travail et par suite un luxe de linge fin plus considérable. Les chanvres du département avaient acquis au loin une réputation qu'ils ont perdue de nos jours, car on voit dans le Mémoire que la généralité d'Amiens a rédigé, en 1698, par l'intendant Bignon, que les chanvres de la vallée de Ressons étaient employés en fils de carets et en toiles fortes pour les bâtiments, et qu'on les transportait en Bretagne et à La Rochelle. Sur quelques autres points du département, la production du chanvre a pris un accroissement considérable, dans les cantons de Méru, de Noyon, de Pont-Sainte-Maxence, de Betz, de Liancourt, etc. Les causes de cet accroissement se tirent du partage des biens communaux, de l'extension de la petite culture, et du progrès agricole qui ne consent plus à laisser de terre en friche. On cultive le *chanvre ordinaire*, surnommé petit chanvre, pour la petite culture; la grande culture fait venir la variété dite *chènevis de Tours*, spécialement dans la vallée d'Automne et dans celle de l'Aisne. A Cuts, près Noyon, on cultive une variété appelée *chanvre de Riga* ou du *Canada* qui ne paraît pas différer du chanvre de Tours. Les chenevières sont souvent infestées d'une plante parasite, *Orobanche ramosa*, qui leur cause de grands dégâts en s'implantant sur les racines de la plante et en l'étouffant : on est quelquefois obligé de renoncer à cette culture pendant de longues années sur le même terrain par suite de la facilité qu'ont les graines d'*Orobanche* à se conserver en terre sans germer jusqu'au moment où des circonstances favorables, telles que les eaux pluviales, les entraînent vers les racines du chanvre.

Le lin, *Linum usitatissimum*, est cultivé dans l'Oise depuis un temps immémorial, sans cependant que cette culture ait pris la même extension que celle du chanvre. Elle est presque inconnue ou abandonnée dans les deux tiers des cantons du département. Il n'en reste plus que des parcelles qui servent pour la consommation ménagère. Autrefois, cette culture avait une grande importance dans nos vallées. Des titres conservés dans les archives départementales citent l'exportation du lin cultivé dans les environs de Velennes en 1329. La vallée de la Brèche a été longtemps le théâtre d'une culture étendue du lin. Le centre de cette culture était l'ancienne petite ville de Bulles qui en tirait une certaine célébrité. Les lins de cette vallée alimentaient une fabrique très-renommée dont Sully parle même dans ses mémoires. Cette fabrication locale n'empêchait pas l'exportation. Les Hollandais et les Flamands en venaient acheter. C'est ainsi que Loysel dit, dans ses Mémoires du Beauvaisis qu'au terroir *de Bulles croist grande quantité de lin que ceux des Pays-Bas y viennent acheter pour en faire ces fines toiles de Cambray lesquelles ils nous vendent si chèrement*. Les gouvernements français, jaloux et heureux de cette célébrité des toiles du pays, prodiguèrent des priviléges aux propriétaires de Linières, tels que l'exemption des corvées, la diminution des impôts, l'exemption de la milice. Ces avantages, remarquables à ces époques, firent longtemps la fortune de la vallée de Bulles. Une circonstance imprévue fit déchoir cette branche importante de l'industrie textile. On raconte que, vers la première moitié du dernier siècle, les digues qui protégeaient les linières se rompirent et les submergèrent. Cette inondation laissa sur la couche arable un épais dépôt de cailloux et de vase fangeuse qui mit fin à la prospérité du pays. Vers 1748, une compagnie demanda au contrôleur général l'autorisation de faire refleurir le commerce de toiles. Le gouvernement préféra en avoir le monopole et fit faire quelques travaux qu'une crue d'eau vint aussitôt enlever. Plus tard, le bureau d'agriculture qui rendit de si grands services au département essaya de relever cette industrie en 1763. Il proposa une souscription pour rétablir les linières, mais elle n'aboutit à aucun résultat effectif. Depuis, cette culture n'a plus été rétablie; la fabrique avait disparu, le lin disparut avec elle, et il fallut demander à la Hollande et à la Flandre le lin que la vallée de Bulles vendait si chèrement à ces deux pays. Ainsi se termina la prospérité du Bullois qui avait fourni jusqu'à 20,000 kilog. de lin par année ordinaire. Dans les autres localités, la culture du lin a perdu aussi de son extension par suite de la multiplicité et du bas prix des tissus de coton. On ne cultive généralement que le *Lin ordinaire* ou petit lin; dans les cantons de Chaumont et du Coudray, on préfère le *Lin de Riga* qui est plus grand. Le lin réclame, comme le chanvre, une terre meuble, profonde, humide, un peu grasse. L'époque des semences varie quelquefois d'un mois : en mai, dans le canton de Clermont, en avril, vers Noyon.

Le chardon drapier, *Dipsacus fullonum*, a été cultivé de tout temps, puisqu'il était soumis au dixmage. Cette culture était autrefois générale, grâce aux manufactures de laine qu'on rencontre dans le département. Les fabricants de Reims, de Sedan, de Lille, de Saint-Omer, etc., venaient s'approvisionner chez nous; maintenant on cite à peine quelques champs consacrés à cette culture dans les cantons de Liancourt, de Clermont et d'Estrées. Les *Orobanches* nuisent à la culture de cette plante.

La culture de l'herbe à la ouate, *Asclepias cornuti*, a été introduite en 1764 aux environs de Béthencourtel par M. de Popincourt. Elle a duré à peine quelques années.

La Gaude, *Reseda luteola*, le Pastel, *Isatis tinctoria*, étaient aussi cultivés en grand et d'une manière permanente jusque vers le règne de Henri IV. Ces deux plantes robustes s'accommodant de toute espèce de terrain convenaient parfaitement à l'état de l'agriculture à cette époque. Le Pastel fut abandonné dès que l'Inde nous envoya l'indigo. La Garance, *Rubia tinctorum*, fut introduite par les soins du bureau d'agriculture, vers 1762 et 1763. Les essais furent satisfaisants, et l'on ne sait par quelle cause cette culture fut abandonnée; déjà, au moyen âge, elle avait acquis assez d'importance pour qu'elle ait été soumise au dixmage.

Le Houblon, *Humulus lupulus*, rentre dans la catégorie des plantes cultivées au moyen-âge et qui ont perdu leur extension.

Le Sarrasin, connu sous le nom de *Blocail*, *Polygonum fagopyrum*, est entré dans la petite culture, grâce à M. Berthier de Sauvigny, en 1770 ; depuis, il est resté la culture des terres maigres et se trouve en faveur auprès des apiculteurs.

Quelques menus grains cultivés autrefois en grand et soumis au dixmage sont encore cultivés, mais n'ont plus la même extension : tels sont la féverolle, *Faba vulgaris*, *minor*, qu'aux environs de Compiègne, de Liancourt et de Senlis, on cultive en grande culture, le haricot, *Phaseolus vulgaris*, généralement cultivé dans les pentes de la vallée du Thérain et de la vallée de la Bresche; la lentille, *Ervum Lens*, dont la culture diminue; le *Pisum arvense*, bisaille; le *Lathyrus sativus* ou pois carré ; le *Lathyrus cicera*, pois chiche, auxquelles quelques parcelles de terrains sont consacrées. Dans quelques contrées, on cultive du rutabaga ou navet de Suède; ailleurs, le topinambour, *Helianthus tuberosus*; mais ces cultures méritent à peine d'être citées. Le commerce de l'osier occupe de nombreux espaces dans nos vallées sous le nom d'*Oseraies*. Ces plantations embellissent les pâturages humides ou, placées sur les rives des cours d'eau, elles en fixent la mobilité et sont d'un grand rapport à cause de leur rapide multiplication dans un sol peu propice à d'autres cultures et des nombreux services qu'elles rendent à l'homme. Ce sont elles qui donnent aux marécages leur physionomie; là, c'est le *Salix alba* au feuillage argenté, soyeux et luisant qui contraste avec la verdure environnante ; ici c'est le *Salix fragilis* aux rameaux fragiles; plus loin, c'est le *Salix helix*, refuge du capricorne à odeur de rose, ou sa variété *monandra*. La vallée de l'Oise, entre Creil et Pont-Sainte-Maxence, est le séjour habituel du *Salix fissa*; l'espèce la plus généralement cultivée est le *Salix vitellina*. Le *Salix viminalis*, employé pour la grosse vannerie, se rencontre partout associé aux *Salix capræa*, *cinerea* et *aurita*. Les sols argilo-sablonneux leur conviennent d'une manière spéciale.

La culture maraîchère est très-répandue dans le département qui suffit grandement à sa consommation; elle approvisionne tous nos marchés de beaux et bons légumes. Elle a pris, sous ce rapport, une extension remarquable et craint peu la concurrence dans quelques localités. C'est ainsi qu'elle se présente au voyageur qui arrive à Beauvais par le chemin de fer: les vastes terrains qui entourent la gare au-dessous de Beauvais et qu'on appelle *aires* offrent un des meilleurs modèles de la culture légumière, bien entendue, bien fumée, bien soignée, donnant presque toujours une riche rémunération du labeur du maraîcher par la quadruple récolte qu'il en tire régulièrement. Quelques légumes deviennent parfois l'objet d'une grande culture comme l'asperge, *Asparagus officinalis*, dans les sables des cantons de Noailles, de Mouy, etc.; comme l'oignon dans le sol marécageux de la vallée d'Automne.

Le cresson lui-même, *Sisymbrium nastustium*, a abandonné les ruisseaux où on le cueillait à l'état sauvage pour subir la culture en grand. C'est l'objet d'une industrie que M. Cardon a établie, en 1811, à Saint-Léonard, près Senlis, et qui, maintenant, dans la statistique de la France, est cotée au chiffre de 2,000,000 francs par année moyenne. La prospérité des cressonnières de Saint-Léonard a vulgarisé cette branche de commerce dans l'arrondissement de Senlis sans l'étendre dans les autres arrondissements. L'idée de M. Cardon, neuve pour notre époque, avait eu autrefois son précédent, et des titres incontestables établissent d'une manière certaine que cette culture du cresson avait existé régulièrement au moyen-âge, et, ce qu'il y a de plus curieux, elle avait été tentée en 1315 aux lieux où M. Cardon établit ses cressonnières cinq cents ans plus tard.

La culture des plantes médicinales ne doit pas être omise dans cette revue rapide, car il nous semble qu'elle est destinée à voir s'ouvrir devant elle un horizon plus large; déjà établie à Avilly pour quelques plantes les plus employées, nous la voyons s'étendre de jour en jour : beaucoup de grands cultivateurs consacrent aux plantes médicinales un carré de leur jardin; quelques personnes recueillent les plantes nées spontanément pour en approvisionner les pharmaciens, les herboristes de notre pays et de la capitale, mais d'autres commencent à les soumettre à une culture réglée. Cette industrie régnait surtout au moyen-âge, à l'époque où la médecine des simples était en usage; le botaniste en rencontre dans ses herborisations des traces irrécusables dans les plantes échappées de ces cultures qui se sont conservées dans leurs stations. Cette culture est probablement destinée au sort de tant d'autres: oubliée pendant de longs siècles elle reviendra reconquérir sa place dans l'agriculture du pays et sera un nouvel élément de prospérité.

Pour terminer ce tableau de l'agriculture de l'Oise, il nous reste à parler d'une industrie qui est l'objet d'un commerce considérable et qui prend une large place dans la consommation même du pays. Le Pommier, en effet, suit pas à pas la culture de la vigne, que restreint de jour en jour la variabilité de notre climat, et la remplace partout où celle-ci disparaît. Il fournit une boisson saine et rafraîchissante, boisson obligée du pauvre et que ne dédaigne pas le riche. Après sa mort, il donne encore un excellent combustible : il réussit partout où la terre fournit l'humidité nécessaire à sa végétation. Le seul obstacle qui puisse s'opposer à la multiplication de cet arbre utile serait le mauvais vouloir des fermiers qui ne voudraient pas avoir la charge de plantations au profit de ceux qui leur succéderaient. Les clauses des baux peuvent obvier à cet inconvénient. Les pommiers, par suite du revenu important qu'ils offrent à l'agriculture, sont très-multipliés dans notre pays; la plupart du temps ils bordent les chemins et sont disposés en allées ou quinconces sur la lisière des terres labourables; aux environs des villages on voit des vergers plantés en massifs, partout on reconnaît que c'est l'arbre du pays. Les pommiers plantés dans les plaines calcaires donnent un cidre qui devient acide, le meilleur cidre provient des pommiers venus dans le diluvium argileux qui contient beaucoup de fragments siliceux. C'est un arbre qui réclame, pour bien prospérer, un terrain 1° suffisamment frais, parce qu'il évapore beaucoup; 2° bien exposé au soleil. Suivant le terrain, les qualités du cidre varient : il devient alcoolique dans une terre forte ayant du fond, délicat au goût dans une terre pierreuse et bien exposée, épais et tournant facilement à l'aigre dans une terre humide et ombragée. Les variétés qui se rencontrent dans notre département ne peuvent être considérées comme indigènes. Les plus anciennes ont été introduites vers le règne de Henri IV. Elles venaient de Galice, par la Normandie et la vallée de Bray. Cette culture a suivi celle de la vigne, le pommier remplaçait aussitôt le vignoble détruit. Il y a un siècle et demi, quelques cantons étaient complétement déshérités de la culture du pommier; c'est ainsi qu'aux environs de Breteuil la culture en a été introduite en 1730, et, comme toute nouveauté, elle a fait naître plus d'incrédules que d'imitateurs. C'est ainsi que dans l'*Histoire de Breteuil*, par Mouret, nous lisons le récit de cette introduction : « Ce plant était situé » au-dessus de la rue du Frayer, en allant vers le bois du Gard. » Féry-Bauchy qui en fit l'essai fut moqué, et tous les habitants » se sont moqués de lui en disant qu'il fallait être fou que de » planter des pommiers dans les champs, que tous les enfants » iraient en manger les pommes. » Le succès amena la propagation de cet arbre qui devait plus tard jouer un si grand rôle dans l'agriculture du pays. La plupart des pommiers venus de pépins ont donné, par une hybridation et un croisement naturels, une infinité de variétés qui passent de l'une à l'autre par la culture et dont le nom change selon les localités, ce qui rend leur distinction très difficile. On trouve encore dans nos forêts le type de toutes ces variétés, *Malus acerba*, surnommé *Bocquetier*, et que les gardes-forestiers ont respecté par suite du privilége que leur accordaient les règlements de le conserver pour les bêtes fauves, chevreuils, daims, etc. A cet état sauvage les rameaux sont souvent épineux, les fruits sont très-acerbes. Les variétés auxquelles ce type a donné naissance se divisent en deux ordres : 1° les *Pommes douces*, très-agréables à manger, de forme, de saveur, de grosseur, de couleur variables; 2° les *Pommes acerbes* ou *à cidre*. Les cultivateurs de nos pays les reconnaissent souvent aux époques de floraison qui les caractérisent. D'après cela on les divise en précoces, celles qui mûrissent en septembre; en moyennes, celles que l'on exprime en octobre; en tardives, celles qu'on abat en novembre. Le cidre provenant des premières se conserve peu. Voici la liste des variétés le plus généralement cultivées avec les noms vulgaires sous lesquelles elles sont connues :

1° Pomme d'*orgueil* ou de *roquet* dont la floraison a lieu à la mi-juin, se partageant en *rouge*, *blanc* ou *vert*, nommée dans quelques cantons *Galoppin* ou *Hardicillers*. Très-bonne espèce, douce au goût, s'élevant peu, ayant les branches en tête formant buisson, résistant facilement aux vents, productive. C'est, en général, la base des fruits doux;

2° La pomme *Barbari* se partageant en plusieurs variétés, le *gris* ou *pomme blanche*, âpre au goût; le *Barbari à glène* ou *Montant-Haut*, à fruit âpre, rond, assez gros, blanc ou mélangé de vert et de rouge : cette variété est surtout remarquable par la forme élancée de l'arbre; elle est appelée dans certains cantons la *pomme Normande*, *Normande grise*, *Normande verte*, *Grosse blanche*, *Petite blanche; Barbari vert* ou *doré*, *gros Barbari*; le fruit est gros, de forme aplatie, à peau rugueuse, épaisse, gris-fauve dans sa plus grande étendue, rouge et marquée de points blanchâtres du côté du soleil, surtout vers le pédoncule. Le cidre qui en provient se conserve assez longtemps. *Petit Barbari*, à fruit de volume médiocre, fortement déprimé, à œil cave dont la marge est formée de cinq petites protubérances qui divergent en étoile, à peau rugueuse, résistante, de couleur brun-clair dans sa plus grande étendue, lavée de rouge du côté du soleil, tiquetée çà et là de points rouges et brillants, à chair cassante, blanc de lait; elle fleurit généralement vers le 8 juin et mûrit fin octobre;

3° La pomme *Amer-Doux* ou *Gros-Amer*, à gros fruit, à saveur acide, productive, à floraison assez précoce;

4° La pomme d'*Orange*, à fruit de moyenne grosseur, de couleur jaune; la floraison a lieu fin mai ou commencement de juin;

5° La pomme *Peau de vache*, à gros fruit, mûrissant en novembre;

6° La pomme *Rouge-Duret*, à fruit de grosseur moyenne, très-bon;

7° La pomme *Bedan*, *Bedanne*, *Berdanne*, à fruit doux, assez gros, bon, se conservant facilement, mûr en novembre;

8° La pomme *Dure-Verte*, à fruit moyen;

9° La pomme de *Paradis*, à petit fruit, de peu de durée, doux au goût, mûr en octobre;

10° La pomme *Rouge-Bruyère* ou *Douce-Verte*, ou *Doux-Veret*, à fruit moyen, variété fertile et bonne pour la dernière saison;

11° La pomme *Muscadet tardif*, à fruit mûr en novembre et assez petit;

12° La pomme *Longue-Queue* ou de *Saint-Gilles*, ou de *Petridoux*, variété précoce, douce et productive, fleurissant en mai;

13° La pomme *Blanc-Doux* ou *Gros-Blanc*, variété fleurissant en mai, à fruit doux;

14° La pomme *Douce-Morelle* ou *Blanc-Mollet*, variété précoce, d'un goût fade, productive;

15° La pomme *Groseillier* ou *Berdouillière*, ou *Queue de rat*, variété fertile, précoce, douce;

16° La pomme *Frequin*, variété à fruit amer, très-productive, mûre en octobre;

17° La pomme *Doux-Evêque*, fruit doux, mûr en octobre;

18° La pomme *Gros-Doux* ou *Binet*, fruit doux, mûr en octobre;

19° La pomme *Tard-Fleuri*, se partageant en deux variétés, l'une douce, l'autre acerbe, donnant un cidre bon et coloré, et mûrissant leurs fruits en novembre;

20° La pomme *Doux-Berger*, à fruit fade, de couleur rouge et verte, mûrissant fin septembre;

21° La pomme *Bondi* avec sa variété *Gros-Bondi*, variété à fruit acerbe, à tronc gros, court, horizontal, à feuillage vert foncé, à fruit mêlé de vert et de rouge fleurissant fin mai; *Petit-Bondi*, à floraison vernale;

22° La pomme *Morgène* ou *Morgendre*, base des fruits acides, mûrissant en octobre.

Les autres variétés cultivées le plus généralement se partagent ainsi, suivant leurs époques de floraison :

AVRIL.

Franc-Renet, fruit dur, gris, sucré.

Doux-Blanc ou *Doux-Amer*, fruit blanc, tendre.

La floraison a lieu vers la fin d'avril.

On abandonne les variétés vernales, parce qu'à l'époque de la fécondation, des circonstances extérieures viennent trop souvent exercer une fâcheuse perturbation et troubler cet acte important. C'est ainsi que la pluie entraîne ou diminue le pouvoir fécondant du pollen; un froid trop vif en resserrant les vaisseaux empêche la sève d'affluer vers l'ovaire et le fait avorter.

MAI.

Première quinzaine.

Doux-Sucré, fruit jaune pâle.

Blanche-Charlotte, fruit sucré, blanc rayé de rouge.

Doux-Vert ou *Doux-Montant*, fruit fade, vert rayé de rouge.

Malingre vert et blanc.

Gros-Sucré, fruit doux, rouge mêlé de vert.

De Rambourg.

Deuxième quinzaine.

Double-Blonde, fruit fade, rayé de rouge.

Courte-Queue, fruit gris-rouge. L'arbre a la cime élevée, le feuillage pâle et cotonneux.

Turque ou *Turquet*, fruit vert pâle.

De Cure ou *d'Œil-Amer*, ou *Rougelle*, fruit rouge.

De Glanes d'Oignons ou *Surettes*.

JUIN.

Blanche à grappes. L'arbre est fastigié, à feuillage jaunâtre, productif.

Brulin, fruit doux, gris.

Glanes douces.

Blangy, saveur acide.

Capendue.

Canada.

Sainte-Catherine.

Marin-Onfroy.

Nous ne citons pas les autres variétés cultivées, parce qu'elles rentrent dans celles-ci ; en changeant de canton, la variété change de nom, et la synonymie est difficile à débrouiller, cependant on peut presque affirmer que la liste précédente comprend à peu près les variétés le plus souvent cultivées. Le botaniste reconnaît, au moment de la floraison, les variétés à fruit doux ou à fruit acide : les variétés qui se rapprochent le plus de l'état naturel, c'est-à-dire du *Bocquetier*, ont généralement la floraison plus précoce et les pétales des fleurs constamment rouges à l'intérieur, tandis que les fleurs des races à fruit doux ont les pétales blancs. Nous ne croyons pas que cette remarque ait été infirmée jusqu'à présent. Dans les cantons où la qualité du cidre est inférieure, on la rehausse à l'aide des fruits du prunier sauvage (*Fourdraines*), ce qui lui donne une coloration plus foncée ; cependant cette méthode est loin d'être générale.

Le Poirier, *Pyrus sylvestris*, forme deux variétés : la première, *Pyraster*, se rencontre dans les grands bois et les forêts ; la seconde, *Inermis*, qui n'est probablement que la première perfectionnée, comprend toutes les races employées dans la fabrication du poiré. La culture du poirier diminue de jour en jour et est remplacée par celle du pommier. Diverses raisons amènent cette décroissance, d'abord le produit est moins bon, moins sain, ensuite la floraison est près d'un mois plus avancée que celle du pommier; il en résulte qu'il est souvent saisi par les gelées blanches et que la récolte est compromise. A mesure que les poiriers meurent, on les arrache et ils ne sont plus remplacés; cette défaveur cesserait probablement si l'on ne choisissait que les variétés qui donnent un fruit sucré, agréable et mûrissant avant l'hiver. Les variétés le plus souvent cultivées sont :

Le gros *Carizi* blanc, rouge, le *Carizi* vert, espèce à fruit vert arrondi, à pédoncule très-court, à saveur acerbe, fournissant un bon poiré; espèce productive;

Le petit *Carizi* ou *Glane d'Oignon*, à fruit vert foncé, à saveur âpre;

La poire *Grise*, petite, à pédoncule courbe, à fruit acerbe;

La poire *Ecuyer* ou poire d'*Enragé*, petit fruit vert, allongé, à saveur âpre;

La poire de *Rhindelet* ou de *Rindez*, variété estimée;

La poire de *Bigard*; l'arbre a la tige élevée et le feuillage vert pâle : la floraison a lieu fin avril;

La poire d'*Alouette*; l'arbre a la tige élevée, le feuillage vert foncé; la floraison a lieu fin avril;

La poire de *Voirie*, qui est la race principale;

La poire *Belle-Verge*;

La poire de *Crisolles*, originaire de Guiscard;

La poire *Trochet*, qui fournit un poiré délicat quoique alcoolique, à couleur rougâtre;

La poire de *Roux*, donnant un moult sucré et agréable, mais un poiré faible et plat;

La poire de *Branche*, la meilleur variété, fertile, et donnant un excellent poiré;

La poire de *Chemin*, une des meilleures, fournissant un poiré délicieux; productive;

La poire de *Bon-Chrétien*, arbre très-gros de tige, feuillage vert pâle, fleurissant au 15 mai;

Les poires de *Beurré d'Angleterre*, de *Saint-Lucien*, de *Troussencourt*, de *Catillard* ou de *Gros-Romain*, de *Tronquart* ou *Trois-Quarts*, de *Saint-Sanson*, de *Messire-Jean*, etc., etc.

Il est facile de juger, par l'énumération des espèces ou variétés cultivées de pommiers ou poiriers, quelle doit être l'importance de cette branche de commerce : dans le tableau de la végétation de l'Oise, nous ne pouvions omettre cette culture; elle influe trop sur le bien-être des populations, sur l'aspect même du pays; elle donne aux routes et aux champs leur caractère spécial; elle différencie la région qu'elle sépare nettement des pays cultivant la vigne ou l'olivier. C'est donc un des éléments essentiels du *facies* général de notre flore.

Pour terminer ce tableau de la production fruitière de notre pays, citons encore quelques cultures telles que celle du noyer et celle des arbres à fruits rouges qui ont acquis une importance assez forte dans les pays assis sur les pentes orientales de la vallée de La Bresche. Cette culture trouve un écoulement naturel vers la capitale et dans le bassin de la Somme, et donne de grands profits; l'Angleterre vient souvent s'approvisionner chez nous : on cultive spécialement les variétés suivantes du cerisier (*Prunus cerasus*) :

1° Les *Merisiers* et *Guigniers* à chair molle, dont le type se trouve dans nos forêts, principalement la *grosse Guigne noire*, la plus précoce, la *grosse Guigne noire luisante*, mûre à la fin de juin.

2° Les *Bigarreautiers* à chair croquante, n'ayant pas la forme pyramidale des premiers et laissant pendre davantage l'extrémité de leurs rameaux : on cultive dans cette section le *Bigarreau à gros fruits rouges*, mûr fin de juillet; le *Bigarreau blanc*, variété du précédent, rouge à peine du côté où il reçoit les rayons du soleil, blanc à l'ombre; le *Bigarreau Napoléon*, variété assez récente.

3° Les *Cerisiers proprement dits*, à fruit acide, aux rameaux faibles et ténus, ce sont : la *grosse Cerise commune*, la *Madeleine*, la *Cerise de Montmorency*, la *Cerise à courte queue*, *Gros-Gobet* à la queue sillonnée, la *Cerise Griotte commune*, etc.

Si le botaniste, en contemplant l'étendue des terrains consacrés à l'agriculture, se surprend à regretter l'absence des friches, des lieux incultes, qui pouvaient lui promettre une abondante récolte de plantes indigènes, il réprime bientôt ce regret dicté par l'égoïsme pour admirer l'activité de l'homme qui a su transformer ces terrains abandonnés en terrains fertiles et productifs : il contemple avec plaisir ces variétés nombreuses de récoltes, ces sources fécondes de richesse et de prospérité; pour lui s'ouvre un nouveau champ d'études; il se reporte au type primitif de toutes ces plantes et se demande par quels moyens il pourra améliorer, perfectionner, hybrider, croiser toutes ces espèces pour le plus grand profit de l'homme. Il est fier de se trouver maître de ces moyens de transformation, je dirai même de création, qui lui permettent d'augmenter encore la prospérité de notre pays.

L'agriculture a toujours été l'objet principal des soins de l'homme depuis la création du monde et le sujet incessant des préoccupations de tous les gouvernements. Aussi, nous n'avons pas lieu de nous étonner que Charlemagne, le grand empereur, se soit occupé d'une manière si active de l'agriculture des contrées soumises à son administration. Charlemagne possédait, d'ailleurs, beaucoup de fermes ou de villes dans notre territoire. Il y faisait, sur certains points, cultiver la vigne, et ne dédaignait pas à sa table impériale de boire le vin des environs de Beauvais et celui d'Ourscamp, qu'il trouvait préférable aux vins des autres crus. Cette bonne renommée de nos vins s'est soutenue longtemps, car Philippe-Auguste possédait des vignobles à Noyon, à Compiègne, dont il estimait les produits. La bonne tenue des fermes de Charlemagne était à ses yeux d'une telle importance, qu'il a fait connaître dans ses Capitulaires (*Capitulare de Villis et Cortis imperialibus, au chap.* 70) et dans son *Breviarium rerum fiscalium* toutes les plantes qu'il désirait voir cultiver dans les jardins et les potagers : ailleurs il s'occupe de la culture des *céréales*. Il entre à cette occasion dans les plus petits détails, et ce n'est pas là, dans la vie du grand empereur, un des faits les moins intéressants que d'assister à cette sollicitude paternelle du souverain envers ses sujets, dans les rares intervalles de repos que ses victoires pouvaient lui accorder. En étudiant cette époque du moyen-âge, on découvre aisément la raison de cette préoccupation de Charlemagne pour les détails de l'intérieur et de l'extérieur des fermes. On ne connaissait à cette époque ni écoles de médecine, ni médecins proprement dits. Les moines conservaient seuls le privilége de connaître quelques plantes et différents remèdes, qu'ils consentaient à communiquer quand on les consultait. L'empereur lui-même, en cas d'indisposition, consultait un moine irlandais en grande réputation autour de la ferme impériale d'Ourscamps (*Villa fiscalis ursi campi*). On comprend facilement pourquoi il rédigeait et remettait à ses *missi Dominici* ses instructions sur la culture de quelques plantes dont les unes devaient être utiles à la nourriture de son peuple et d'autres devaient servir de remèdes populaires. Chacun, à cette époque, comprenait l'importance de ces instructions et cultivait avec soin les plantes qui pouvaient lui être utiles. De là viennent ces plantes qui, sans être indigènes dans le département, viennent de temps à autre frapper les regards du botaniste dans le cours de ses herborisations. Ce sont des plantes conservées des cultures du moyen-âge, qui ont résisté aux vicissitudes des saisons, à la culture de l'homme, se sont emparées du sol malgré lui et ont presque acquis le droit de naturalisation. On peut diviser les plantes cultivées pendant la période du moyen-âge en trois sections : 1° plantes médicinales ; 2° plantes alimentaires ; 3° plantes économiques. On connaît une sentence arbitrale de Guérin, évêque de Senlis, ministre célèbre sous quatre rois, rendue en 1221 entre la commune de Senlis et le chapitre de la cathédrale, qui parle des plantes soumises au dixmage. Elle nous révèle la culture d'une centaine de plantes dont l'ensemble formait l'agriculture et l'horticulture du moyen-âge comme Charlemagne l'avait ordonné. En regard des plantes soumises au dixmage d'après cette culture, nous mettons le chiffre 1221 qui nous évitera des répétitions :

1° PLANTES MÉDICINALES.

1° Aigremoine (*Acrimonia*).
2° Asaret (*Vulgigina*, *Vulgago*, *Asarum*).
3° Basilic (*Bazeille-coq*, *Ocymum*).
4° Bardane (*Parduna*).
5° Bétoine (*Vetonica*).
6° Cataire (*Nepta*), 1221.
7° Epurge (*Lacterida*, *Euphorbia*, *Lathyris*).
8° Glaïeul (*Gladiolus*, *Iris germanica*).
9° Guimauve (*Mis-malva*), 1221.
10° Hellebore (*Helleborus*).
11° Hyssope (*Hyssopus*).

12° Joubarbe (*Jovis barba*, *Sempervivum tectorum*).
13° Lis blanc (*Lilium*).
14° Livèche (*Leiusticum*).
15° Matricaire (*Febrifugia*, *Parthenium*).
16° Mauve (*Malva*). La mauve était, en outre, une plante alimentaire dont on mangeait les extrémités vers le xve siècle (1560).
17° Mentastre (*Mentastrum*, *Mentha sativa* et *sylvatica*).
18° Menthe (*Mentha crispa* et *piperata*).
19° Menthe-coq (*Costus*, *Pyrethrum*, *Balsamita*).
20° Pouliot (*Pulium*).
21° Romarin (*Ros marinus*).
22° Roses (*Rosæ*).
23° Rue (*Ruta*).
24° Sabine (*Savinæ*).
25° Sauge (*Salvia*).
26° Sarriète (*Satureia*).
27° Sclarée (*Orvale*, *Toute-Bonne*, *Sclareia*).
28° Tanaisie (*Tanasita*).

2° PLANTES ALIMENTAIRES.

1° Ache-céleri (*Apium*).
2° Ail (*Alia*), 1221.
3° Amandier (*Amandalarii*).
4° Aneth (*Anethum*).
5° Arroche (*Adripiæ*, *Follette*, *Bonne-Dame*).
6° Avoine (*Avena sativa*).
7° Aurone (*Abrotanum*).
8° Bette (*Betæ*).
9° Blète (*Blitæ*).
10° Carotte (*Carvittæ*).
11° Cerfeuil (*Cerefolium*).
12° Cerisier (*Cerasarii*).
13° Châtaignier (*Castanearii*). Cet arbre, dit-on, formait l'essence générale du peuplement de nos forêts. Le rigoureux hiver de 1709 l'aurait détruit sur notre territoire.
14° Chervi. On en mangeait les racines.
15° Chicorée (*Solisequium*).
16° Choulx (*Caulæ*), comprenant les variétés suivantes ;

Choulx-Raves (*Rara Cauli*).
Choulx-Romains.
Choulx-Pommés.
Choulx-Cabus.
Choulx-Pasquerés (du temps de Pâques).

17° Ciboulette (*Bristæ*).

18° Cochlearia (*Cochlearia*). Fort usité comme condiment dans les couvents monastiques (1221).

19° Coignassier (*Coloniarii*).

20° Concombre (*Cucumeres*).

21° Coriandre (*Coriandrum*).

22° Coudrier (*Avellanarii*), comprenant le noisetier sauvage et le noisetier cultivé.

23° Cresson (*Nasturtium*). On connaît des actes de ventes passées en 1315 et 1355, au chapitre de Senlis, de surcens à prendre sur des masures, prés, et cressonnières situées à Val-Profond, au lieudit le Fond de la Vallée, qui est précisément le terrain où M. Cardon établit en 1811 ses cressonnières.

24° Cumin (*Cimium* et *Carvium*).

25° Dictamme (*Dictamnus*).

26° Endives (*Intybæ*).

27° Epeautre (*Spelta*), 1221.

28° Epinards (*Espic*).

29° Eschalottes (*Scalonia*), 1221.

30° Estragon (*Dracontia*).

31° Fenouil (*Fenicolum*, *Fanoil*).

32° Fèverolles (*Fabæ majores*), 1221.

33° Figuier (*Ficus*).

34° Froment (*Frumentum*, *Triticum hybernum*, *T. æstivum*, *T. compactum*).

35° Haricots (*Fasiolum*).

36° Laitues (*Lactucæ*).

37° Laurier noble (*Laurus*).

38° Lentilles (*Lenticulæ*), 1221.

39° Mil (*Milium*).

40° Mûrier noir (*Morarii*).

41° Néflier (*Mespilarii*).

42° Noyer (*Nucarii*).

43° Oignon (*Cepæ*, *Uniones*), 1221.

44° Orge (*Hordeum*, *Hordeum polystichum* (4-6 *disticum*) et *distichum*).

45° Oseille (*Ozeille*, *Rumex*).

46° Panais (*Pastenaca*, *Panoit*.

47° Panis (*Panicum italicum* et *germanicum*).

48° Persil (*Petroselinum*, *Perrecin*).

49° Poireau (*Porrum*).

50° Poirier (*Pisarii*).

51° Pois (*Pisi*).

52° Pois chiche (*Cicer italicum*).

53° Pommier (*Pomarii*).

54° Potiron et Pépon (*Cucurbitæ* et *Pepones*).

55° Prunier (*Prunarii*).

56° Radis (*Radices*, *Rafle*).

57° Roquette (*Eruca alba*).

58° Seigle (*Siligo*).

59° Sorbier (*Sorbarii*).

3° PLANTES ÉCONOMIQUES.

1° Cardons à bonnetier (*Cardones*), 1221.

2° Chanvre (*Canava*), 1221. Grande culture.

3° Colza (*Napus*).

4° Fenugrec (*Fenigrœcun*), 1221.

5° Garance (*Warantia*), 1221.

6° Gaude (*Reseda luteola*), 1221.

7° Houblon (*Humulus*), 1221.

8° Lin (*Linum*), 1221.

9° Mélisse (*Melissa*).

10° Moutarde noire (*Sinape*).

11° Pastel (*Waisdo*). La culture cessa sous Henri IV.

12° Pavot (*Papaver*).

NOTA. — Le *Panis* et le *Mil* devaient être semés dans les domaines de Charlemagne pour le Carême, comme cela ressort de ses recommandations à ses tenanciers.

Un article de la loi salique, renouvelé par Charlemagne, condamne à l'amende ceux qui entraient dans un champ pour y voler des *Pois*, des *Fèves*, des *Lentilles*.

A Senlis, en 1560, il y avait une sorte de chou très-parfumé dont les feuilles, disent les auteurs, exhalaient une odeur *plus agréable que le musc et l'ambre*. (CHAMPIER.)

TABLEAU DE L'ÉTAT ACTUEL DES CULTURES AGRICOLES DANS L'OISE ET LEUR RENDEMENT APPROXIMATIF.

NOMS DES CULTURES.	Hectares	PRODUIT GÉNÉRAL.	CONSOMMATION.	PRIX MOYEN de l'hectolitre.	EXPORTATION.	IMPORTATION.	VALEUR de l'exportation.	VALEUR de l'importation.
Froment...........	82,293	1,327,184 hect.	673,894 hect.	15f 50	650,287 hect.	......	9,635,983f	
Méteil...............	30,410	465,533 —	354,637 —	13	....	89,104 hect.	......	1,060,337f
Seigle............ ...	19,506	293,585 —	269,738 —	8 50	23,847 —	......	202,699	
Orge................	11,757	174,533 —	132,470 —	7 65	42,063 —	......	321,781	
Avoines............	88,501	1,934,486 —	1,360,314 —	6 75	574,175 —	......	3,445,050	
Vignes.............	2,465	65,083 —	109,024 —	17 20	....	43,941	......	755,785
Foin naturel........	23,587	766,734 q.m.	685,424 q.m.	4 30	81,613 q.m.	......	350,955	
Luzerne, trèfle, sainfoin, lupuline, etc.	24,564	2,143,790 —	2,123,120 —	4 35	20,690	......	89,914	
Pommes de terre...	5,945	1,868,200 fr.	....	5				
Sarrazin...........	328	32,692 —						
Légumes secs.......	4,388	1,467,284 —	....	12				
Vesce et bisaille....	6,175	872,159 —						
Jardins..............	7,246	4,070,000 —						
Oignons, artichauds, carottes..........	49	45,342 —						
Betteraves..........	1,001	405,546 —	....	4 70 q.m.				
Colza, navette......	761	196,661 —	....	20				
Chanvre...........	2,472	199,606 —						
Lin.................	70	43,900 —						

CLIMAT ET MÉTÉRÉOLOGIE.

L'ensemble de tous les phénomènes météréologiques qui exercent une influence sur les êtres organisés constitue le *climat* d'une région. Les éléments principaux, qui sont les facteurs essentiels d'un climat, comprennent la chaleur, l'eau, la lumière, l'altitude, la latitude, l'exposition, la nature du sol, l'étendue relative des terres et des mers, le voisinage des montagnes et des grandes forêts, la fréquence de certains vents, l'abondance des pluies, etc. Les variations climatériques influent beaucoup sur la végétation d'un pays ; ce sont elles qui fixent les stations géographiques des végétaux et qui doivent guider les essais de naturalisation des espèces végétales.

Si nous étudions attentivement les diverses phases du climat dans notre département depuis le moment où César en fit la conquête jusqu'à nos jours, il nous sera facile de voir que nous sommes plus heureux que nos pères, que bien des espèces peuvent être cultivées par nous qu'il leur était impossible de conserver sous leur climat. Nous lisons dans tous les auteurs latins que la Gaule avait des hivers longs et excessifs. Les rivières navigables gelaient aisément. A ces hivers d'une âpreté rigoureuse succédaient des étés très-chauds, dont la chaleur desséchait les marais et abaissait le niveau des cours d'eau : cette saison durait peu. Des pluies abondantes, des vents fréquents se changeant souvent en tempête dévastatrice accompagnaient les saisons de notre climat. Or, tout le monde sait et la science prouve que les végétaux ont besoin, pour parcourir complétement toutes les phases de leur végétation, d'un certain nombre de degrés de chaleur plus ou moins considérable selon les espèces. La température moyenne de notre contrée sous César ainsi que la température maximum et minimum devaient interdire à nos pères certaines cultures. Ainsi, la vigne, qui réclame une température moyenne annuelle de 10 à 11 degrés pour fleurir, et dont le fruit avorte sous l'influence de certaines gelées blanches, ne pouvait croître chez nous. Tout nous le prouve, et l'hydromel que buvaient les Gaulois et l'expédition de Brennus en l'an 389 qui allait chercher et le beau climat de l'Italie et ses fruits et son vin. Des forêts couvraient notre sol ; elles étaient composées des essences qui supportaient la rigueur de notre climat, ifs, chênes, bouleaux, mélèzes, pins, etc. Ces forêts, en se ramifiant dans les plaines ou le long des montagnes, venaient se rattacher à la forêt des Ardennes par le grand embranchement des forêts de Compiègne et de Senlis : c'étaient des forêts séculaires, presque vierges, retraites sombres des druides farouches. Partout des lacs, des marais remplissaient ou interrompaient ces forêts (voir César), rendaient le sol impraticable et le climat malsain.

Les Francs furent plus heureux que les Gaulois; la civilisation romaine, amenant dans leur pays des modifications topographiques, influa beaucoup sur les modifications climatériques et il nous est facile de voir dans les auteurs, et surtout dans le *Gallia christiana*, la marche ascensionnelle de la vigne vers notre pays.

On peut fixer comme date de naturalisation pour la vigne chez nous le ve siècle de l'ère chrétienne. Jusqu'au IXe siècle, notre climat s'améliora progressivement; à partir de cette époque, par suite de l'état inculte où nos pères laissaient le sol à cause des incursions et des dévastations des Normands, à cause du manque de bras enlevés par les croisades, notre climat reprit la rigueur du climat gaulois. Depuis, la qualité du vin diminua, et, par conséquent, la quantité des vignobles. C'est ce que constate Arthur Young dans son voyage en Picardie, en 1787. Les plantations de pommiers à cidre, destinés à remplacer la vigne, se multiplièrent dans notre région. Les autres produits du sol suivirent cette dégradation, car si l'on en croit Malte Brun (*Précis de la Géographie universelle*, édition de M. Huot; Paris, 1831, tome III, livre LII, page 244 en note), la matière nutritive de froment rendrait aujourd'hui près d'un quart moins que le froment de 1788. Malte Brun arrive à cette conclusion en examinant l'ancien setier de Paris de 156 litres qui pesait 120 kilog. (1788), et qui ne pèse aujourd'hui que 117 kilog. L'amélioration de notre climat, pendant les dix premiers siècles de l'ère chrétienne et sa transformation en sens inverse depuis ce temps représentent un ensemble de faits curieux à étudier et forment un des éléments les plus importants de la phytostatique. C'est par cette étude que nous comprenons les métamorphoses de notre sol, que nous voyons par quelles cultures a dû passer l'agriculture de notre pays. On découvre pourquoi certains végétaux ne peuvent être semés qu'au printemps après les derniers froids, tels que le chanvre, le sarrazin, le maïs, qui ne peuvent supporter les plus faibles gelées. Dans une pareille étude, il ne faut pas négliger la valeur des lignes isochimènes passant par tous les lieux qui ont, en hiver, la même température moyenne et qui fixent d'une manière caractéristique la limite de certains végétaux. Ainsi, la ligne isochimène, qui sert de limite au hêtre, au mûrier, au châtaignier, fut dépassée dans l'hiver de 1709, aussi nos forêts de châtaigniers ont-elles disparu depuis ce temps. Ces lignes nous représentent, par leur sinuosité sur la carte botanique, les espèces extrêmes que peut recevoir notre région, telles que le *Lynosiris vulgaris* comme espèce méridionale, l'*Aconitum napellus*, le *Cineraria palustris*, le *Vaccinium vitis idœa*, comme espèces septentrionales.

Les variations ordinaires du thermomètre à notre époque ont lieu entre le 8e degré au-dessous de zéro et le 24e au-dessus.

Le *froid* prend ordinairement vers la mi-décembre et dure jusqu'en février avec des intermittences; dans les hivers doux, le thermomètre ne descend pas plus bas que 6°, et il est rare qu'il ait dépassé le 16°.

La *glace* n'a ordinairement qu'une durée momentanée; elle persiste ordinairement un mois avec alternative de dégel; cependant, on remarque qu'elle est plus tenace dans tout le pays de Bray. Il y a des exemples de glace continue dans tout le Haut-Bray pendant cinquante jours sans interruption; elle se maintient aussi assez longtemps dans la région où le sol, plane et très-argileux, contribue à la prolongation de la température froide.

La *neige* est passagère; elle ne persiste que dans les plaines de craie; on a remarqué que dans les années où il ne tombe pas de neige la récolte des céréales est moins belle; les insectes en ravagent une partie.

Les *gelées printanières*, qui commencent d'habitude à la fin de mars continuent pendant le mois d'avril; elles se reproduisent quelquefois en mai et même dans les premiers jours de juin; elles sont alors très-nuisibles dans les vallées, sur les sols humides et les terres blanches pauvres en humus pour les céréales hâtives; elles sont presque toujours déterminées par le vent du nord. Lorsque les gelées sont accompagnées de *brouillards*, elles nuisent aux arbres à cidre et à fruits rouges : elles deviennent fort pernicieuses, lorsqu'elles succèdent immédiatement à une température pluvieuse.

La *grêle* est un accident rare qui ne cause que de faibles dégâts; dans tous les cas, c'est un fléau local.

Les fortes *chaleurs* sont, en général, de 22°; par exception, elles atteignent 28° dans le fond des vallées; elles ne se manifestent guère avant la fin de juin et ne dépassent pas ordinairement la première quinzaine d'août.

Le *vent* dominant est le vent d'ouest ou galerne; il amène presque toujours la pluie : en hiver, le vent du nord ou d'amont devient souvent très-rigoureux; le vent d'est ou de France souffle peu et amène la sècheresse. Le vent du sud ou d'aval est, ce qu'on appelle d'habitude, le vent de bas; il amène une température douce.

Le nombre moyen des jours de pluie est d'environ cent quarante donnant une hauteur de 0 520 millimètres inférieure en général à la hauteur moyenne; au-dessous de cent jours de pluie, il y a presque sècheresse.

Voici les dates de quelques-unes des grandes intempéries que l'histoire a relatées et qui sont venues apporter une grande perturbation dans l'agriculture du pays en arrêtant, ou, tout au moins, en paralysant l'essor donné à certaines cultures. Ces intempéries ont eu aussi leur influence sur la végétation naturelle de la région, comme le prouve la destruction de nos forêts de châtaigniers à la suite de l'hiver de 1709.

GRANDS HIVERS.

358. — Froid rigoureux.
603. — La gelée tue beaucoup de vignes.
763. — Le froid commence le 1er octobre, s'arrête en février 764.
860. — Gelées et neiges sans interruption de novembre en avril.
994. — Gelées en juillet.
1076 — Neige abondante à la fin d'octobre avec froid jusque fin mars 1077.
1124. — Froid rigoureux, la verdure n'apparait qu'en mai.
1218. — Gelée blanche le 29 septembre qui détruit le raisin.
1364. — Vignes gelées dans les racines.

1408. — Vignes gelées dans les racines; arbres fruitiers gelés.
1480. — Les souches de beaucoup d'arbres périssent.
1608. — Froid de décembre à fin de mars; les vignes périssent.
1709. — Fortes gelées et neiges abondantes; les châtaigniers périssent.
1766. — Froid de 12° en janvier.
1768. — Froid de 18° 2.
1789. — Froid de 23° 2, le 25 janvier avec 12 jours de gelée consécutifs.
1829 à 1830. — Les arbres fruitiers et même forestiers souffrent.

Les plantes non spontanées cultivées pour l'usage alimentaire de l'homme et transportées dans un climat qui n'était pas le leur ont dû souffrir : beaucoup ont dû périr sous l'influence de pareilles rigueurs du climat. Il ne devait persister que la rustique population des plantes sauvages et les arbres de nos forêts qui peuvent braver d'assez fortes gelées.

GRANDS ÉTÉS.

580. — Seconde floraison en septembre et octobre.
582. — Floraison des arbres en janvier.
584. — Floraison des roses en janvier.
988. — Moissons détruites par la sécheresse.
1552. — Plantes consumées en juin sous l'influence de chaleurs sèches.
1704. — 31° pendant 11 jours.
1818. — 34° en juillet.
1834. — Marronniers et lilas refleurissent en septembre.

La végétation des arbres et des plantes exige une température moyenne égale à 11° environ; jusqu'à 35°, les plantes souffrent, surtout si la chaleur se prolonge; mais, passé cette limite, la plupart de nos plantes ne peuvent la supporter, elles se dessèchent et les récoltes périssent.

Pour qu'il y ait eu une seconde floraison en septembre et octobre, il faut supposer une température printanière prolongée de 12° à 14° de chaleur moyenne et 24° à 25° de chaleur extrême. Pour qu'il y ait eu de plus une seconde fructification en septembre, il faut élever ces chiffres, ce qui nous donne 20° au moins de chaleur moyenne avec 32° de chaleur extrême. Si les arbres refleurissent en décembre, nous retombons dans le premier cas de la floraison multiple.

Les sécheresses causent généralement autant que les gelées la mort de beaucoup de plantes; aussi ne devons-nous pas oublier de signaler les plus grandes sécheresses qui ont influé dans notre pays par leurs effets destructeurs.

872. — Destruction des fruits.

874. — Manque des foins et des blés.

1134. — Défaut d'avoine, d'orge et de légumes.

1800. — Destruction de beaucoup de végétaux.

C'est de toutes les grandes intempéries celle qui s'est renouvelée le moins souvent jusqu'à présent.

L'état moyen actuel de la température diffère beaucoup dans quelques cantons, suivant leur élévation, leur position vers la limite septentrionale ou méridionale, selon les vallées ou les ravins qui sillonnent leur superficie et l'exposition variée des pentes. Il y a souvent une différence de quinze jours pour l'apparition de la saison rigoureuse, suivant que certaines parties d'un canton, comme dans la région méridionale, ont leurs principales inflexions vers le midi, tandis que la région du nord est constituée par un plateau élevé et découvert, comme dans le canton de Froissy. C'est ainsi que la récolte du seigle est souvent commencée au 15 juillet dans les environs de Méru et de Beauvais et que dans les cantons de Grandvilliers et de Saint-Just on ne la commence qu'en août. Cette différence de température réagit sur la végétation spontanée qui se trouve en retard de quinze jours pour la floraison dans ces contrées par rapport aux autres points du département.

L'*Exposition* est un facteur dont on ne peut négliger la valeur: il agit spécialement sur les époques de floraison et vient souvent contrebalancer l'action nuisible des variations atmosphériques. Cette influence spéciale s'exerce sur tous les végétaux sans exception : mais cet élément météréologique a de plus une importance assez grande au point de vue de l'évolution de certaines plantes. Pour quelques-unes, en effet, cet agent n'est nullement indifférent; non-seulement il hâte ou retarde l'époque de la floraison et de la maturité de l'ovaire, mais il favorise aussi toutes les phases de la vie végétative de la plante. On peut se convaincre de la vérité de cette assertion en examinant avec quelle persistance certaines espèces recherchent, les unes l'exposition septentrionale, d'autres l'exposition méridionale. Sur les versants exposés au nord et à l'action des vents prospèrent spécialement l'*Anemone pulsatilla*, le *Gentiana germanica*, l'*Helleborus fœtidus*, le *Buxus sempervirens*, l'*Hieracium auricula*, le *Juniperus communis*, l'*Actæa spicata*, le *Cheiranthus cheiri*, l'*Euphorbia sylvatica*, les *Lichens*, les *Mousses*, etc. La variété à écorce épaisse, rugueuse, du *Fagus castanea*, est presque invariablement située sur les coteaux exposés au nord; on se convainc facilement que ces rugosités, qui accompagnent cette variété, sont dues à une déformation du tissu cellulaire occasionnée par les vents soufflant du même côté.

Le *Stachys germanica*, les *Reseda luteola* et *lutea*, recherchent particulièrement les expositions méridionales; l'*Helleborus viridis* affectionne singulièrement les pentes regardant le nord-ouest; l'*Ononis natrix*, le *Cytisus laburnum* semblent se plaire sur les coteaux tournés vers l'est.

Les maxima et les minima que nous avons cités de froid et de chaleur n'influent généralement pas sur la végétation spontanée et naturelle; cependant, il n'est guère de botaniste qui ne se rappelle avoir vu les fruits du *Convallaria maïalis* avorter presque partout sous l'influence des brouillards et des gelées printanières, le *Limodorum abortivum* disparaître dans les étés pluvieux ou froids, l'*Alchemilla vulgaris* se perdre complètement quand la quantité de pluie dépasse dans chaque mois quarante-trois millimètres en moyenne; cette dernière supporte la neige et la gelée, mais elle périt de pourriture sous l'influence des eaux pluviales.

La quantité de pluie tombée, dans le courant de l'année, n'est pas sans importance. Quand cette quantité dépasse la quantité moyenne, elle a pour résultat, le plus souvent, de retarder la floraison; c'est ainsi qu'apparait la variété *Vernum* du *Colchicum autumnale* : elle est due à la stagnation de l'eau dans les prés à l'automne. Dans les années pluvieuses presque toutes les espèces du genre *Allium* peuvent devenir bulbifères au détriment des fleurs. il en est de même du *Ficaria ranunculoides* : la variété *Flava*, de l'*Adonis æstivalis*, se développe surtout quand le premier printemps a été accompagné de pluies fréquentes. Les cultivateurs de nos campagnes ont remarqué, d'accord avec les botanistes, que le *Sinapis arvensis* infestait davantage les moissons d'avoine ou d'orge dans les années où les pluies se renouvelaient que dans les années sèches. Le *Vicia cracca latifolia* prospère dans les mêmes conditions, il se propage alors rapidement et étouffe souvent les tiges autour desquelles il s'enroule. Les virescences observées sur un grand nombre de plantes sont dues à la même cause; l'humidité semble favoriser la multiplication de la chlorophylle dans les cellules; nous avons surtout observé les faits de virescence fréquents dans les années pluvieuses sur le *Tragopogon pratensis*, sur le *Trifolium repens*, l'*Euphorbia sylvatica*. Les variétés *Polyphylles* se montrent plus nombreuses, il y a même exagération des organes de foliation. Si le botaniste faisait abstraction de la donnée de la quantité de pluie tombée, il aurait peine à comprendre certains faits de végétation et serait tenté de créer des variétés *Umbrosæ*, quand les plantes qui lui offriraient cette physionomie ne la présenteraient qu'accidentellement. L'*Helocharis ovata* semble disparaître quand les eaux sont hautes.

Tous les forestiers savent que par suite des intempéries du climat, le *chêne* ne donne généralement que trois glandées abondantes en dix ans à peu près; il est aussi à remarquer que les chênes qui, en raison de leur situation, sont protégés contre les gelées printanières ou bien encore les chênes exploités en têtards donnent des glandées plus régulières. Ce sont ces observations qui ont donné l'idée aux inspecteurs des forêts de créer dans leurs forêts des chênaies destinées à fournir les glands nécessaires aux pépinières. Les températures extrêmes ne causent de dommage considérable qu'aux plantes et aux arbres que la main de l'homme a confiés à la terre. En météréologie, l'un des facteurs les plus importants est l'altitude des montagnes; or, chez nous, la plus forte altitude ne pouvant amener au plus qu'un degré de différence, on comprend que les états de température n'offrent aucun phénomène remarquable et ne présentent aucun contraste saillant de végétation. Les pluies et les brouillards n'exercent non plus aucune influence sur les végétaux indigènes; ces phénomènes météréologiques ont pour résultat unique et accidentel de développer quelquefois d'une manière considérable la feuillaison des végétaux, en même temps que le port de ces derniers tend à prendre de plus fortes proportions; il n'en est pas de même des végétaux cultivés; ces variations de l'atmosphère modifient la saveur des légumes qui deviennent aqueux, des fruits qui deviennent pâteux en même temps qu'ils ont une tendance plus manifeste à la fermentation. Souvent les gelées, les brouillards, les pluies, font manquer la récolte des fruits ou des vignes, mais, en définitive, ces accidents ne changent en rien, dans la même région, la distribution des végétaux. Les vents passent d'habitude pour jouer un grand rôle dans la dissémination des végétaux; cependant, pour l'Oise, nous n'avons à constater aucun phénomène spécial à ce sujet. Les vents, en effet, n'agissent avec efficacité qu'autant qu'il existe des hauteurs ou montagnes, d'où ils peuvent répandre dans les plaines les végétaux habitués à une certaine altitude; dans ce cas, les vents pourraient imprimer aux vallées un *facies* différent de celui qu'elles présentent d'habitude; mais le département n'a pas un relief assez tourmenté pour que nous ayons des espèces à stations élevées.

VIGNES.

Il y a une dizaine d'années, la culture de la vigne occupait encore deux mille quatre cent soixante-cinq hectares ainsi répartis : arrondissement de Beauvais, six cent quarante-deux; arrondissement de Clermont, trois cent quarante-neuf; arrondissement de Compiègne, neuf cent quatre-vingt-six; arrondissement de Senlis, quatre cent quatre-vingt-huit. La production était de soixante-cinq mille quatre-vingt-trois hectolitres et la consommation était de cent neuf mille vingt-quatre hectolitres. Le département devait donc emprunter aux départements vignobles quarante-trois mille neuf cent quarante-un hectolitres de vin chaque année, c'est-à-dire qu'il donnait à l'importation une somme d'au moins huit cent mille francs. Il n'en était pas de même autrefois; la vigne fit chez nous son apparition vers le ve siècle de l'ère chrétienne et fut cultivée avec succès pendant près de dix siècles. Cette propagation de la vigne est prouvée surabondamment par les titres des abbayes qui constatent les propriétés et les dixmages de ces institutions.

En 766, un acte de donation d'Adhélard signale les vignes des cantons de Beauvais et d'Amiens. Un autre acte de donation de Grimulf et de sa fille Adalware, fait en 770, comprend des vignes dans le territoire de Beauvais, (voir Mabillon, *De re Diplomatica*, liv. VI, art. 46, p. 495). Charlemagne et d'autres rois préféraient à leur table souveraine les vins de notre territoire. L'acte de fondation de saint Symphorien et la charte de l'église de Esserens, citent, en 1035, 1037, 1081, les vignes du diocèse de Beauvais aux portes mêmes de cette ville. Le relevé des bienfaiteurs de l'église de Noyon, en 1030, comprend vingt manses de terre à faire du vin, avec d'excellentes vignes dans les pays voisins (*Gallia Christiana*, tom. X. col. 365-366). Les vignes du même territoire, indiquées par Guido, sont encore réputées excellentes (*Optimæ*) (*Gallia Christiana*, tom. X; *Instrumenta ecclesiæ Bellovacensis*, col. 244, 245, 248; col. 260-261, tom. XI; tom. X, *Instrumenta ecclesiæ Noviomensis*, col. 365). La notice de Nivelon Pierrefonds, à vingt mille pas environ à l'ouest de Soissons, notice publiée dans le *Polyptique d'Irminon*, de M. Guérard, parle d'une corvée pour transporter le vin de ce pays, au temps des vendanges, en exceptant le vin de Sermoise, Ciry et Autrèches, en 1089. L'acte de fondation d'un monastère de Sainte-Marie, énumère, en 1130, une foule de vignes hors des murs de Noyon. La charte de Barthélemy, évêque de Beauvais, donne ou confirme, en 1164, la donation au monastère de Breteuil de la propriété d'une douzaine de vignobles ou des revenus en vins de ces vignes toutes situées dans son diocèse, à Breteuil, Liancourt, Beauvais, Clermont (*Gallia Christiana*, tom. X, col. 301, 260, 261; tom. XI, col. 1022). Philippe-Auguste possédait des vignobles à Beauvais et à Compiègne. Les mêmes autorités nous parlent encore des vignes de Beauvais et de leur renommée en 1228-1239. Nos vins conservèrent leur réputation jusque vers le milieu du XIVe siècle; à partir de ce moment l'étendue des vignobles diminua de jour en jour. La Normandie faisait connaître ses pommiers, le Midi, grâce à la facilité des communications, envoyait de meilleurs vins, les intempéries du climat devenaient plus fréquentes et toutes ces modifications influaient sur la culture de la vigne. En 1731, un arrêt, en date du 5 juin, défendit de planter de nouvelles vignes et de remettre en culture les vignes abandonnées depuis deux ans par suite de la disette des céréales. Cette circonstance ralentit encore le zèle des vignerons ; les produits semblaient perdre de leurs qualités, la bonne renommée de nos vins allait en se démentant tous les jours. La vigne maintenant ne donne plus que des produits faibles, peu généreux et dépourvus d'alcool ; aussi défriche-t-on les vignes de plus en plus et le vigneron ne trouvant plus une rémunération suffisante rend à la culture des céréales le terrain consacré aux vignes. On ne les conserve plus que dans les coteaux à pente rapide et à bonne exposition du sud où la culture serait difficile, comme dans la vallée d'Automne, vers Béthisy, Morienval. On peut attribuer cette dégénérescence de la vigne à la variation du climat ; c'est à peine maintenant si la vigne mûrit ses fruits. La maturité avait lieu plus tôt autrefois, les premiers raisins mûrs dans les champs se cueillaient ordinairement le 6 août, à la fête de la Transfiguration, comme le prouve la cérémonie de la bénédiction des raisins. Elle était pratiquée dans les monastères et les principales églises diocésaines. (Voir le Coutumier de Saint-Corneille de Compiègne.)

Le raisin, placé dans une coupe d'argent, était présenté à l'autel et bénit. ensuite il était partagé entre les tables et servi à chaque frère en commençant par les prieurs ; les serviteurs avaient leur part. (Martène, *De antiquis ecclesiæ ritibus*, tom. IV). La ligne de végétation, oblique à l'équateur, qui limitait du sud-ouest au nord-est la maturité du raisin, s'est rapprochée des climats méridionaux en laissant au dehors quelques cantons, comme celui de Noailles. Les vins blancs de Villers Saint-Sépulcre et les vins rouges de Marissel, sont les plus estimés de nos jours ; malgré tout, on abandonne peu à peu cette culture. Dans les environs de Creil et de Liancourt, on laisse la vigne s'enrouler aux arbres et on ne se donne plus la peine de la soigner à l'aide d'échalas. D'ailleurs, la région des vins potables s'étend entre les lignes isothermes de 17° et 10° correspondantes aux latitudes de 36° et 48° ; la culture de la vigne peut même s'étendre, mais avec moins d'avantage, jusqu'aux contrées dont la température annuelle descend à 9° et à 8° 6, celle de l'hiver à 1° et celle de l'été à 19° et 20°. Ces conditions météréologiques se trouvent remplies en Europe jusqu'au parallèle de 50° et un peu au-delà ; cette culture, bien entendu, est, en outre, modifiée par les effets d'abri et d'orientation.

La végétation naturelle que l'on rencontre au milieu des vignes a un caractère spécial ; ce sont des plantes que l'homme cultive malgré lui et dont souvent il ne peut se débarrasser malgré les nombreuses façons qu'il donne à sa vigne. Quelques-unes même ont été apportées par lui pour soutenir les fossés de séparation, comme l'*Iris germanica*, à Bracheux ; d'autres ont été cultivées pour obtenir un produit secondaire, une culture dérobée, exemple le *Rumex scutatus* du Mont-Capron que l'on cultivait partout au moyen-âge. Ces plantes finissent par s'étendre à ce point qu'on ne peut plus les détruire. On rencontre surtout beaucoup de plantes bulbeuses, les *Muscari comosum* et *racemosum*, la jacinthe des vignes, le *Tulipa sylvestris*, au vignoble de Marissel ; le *Gagea arvensis*, l'*Ornithogalum umbellatum* dont la corolle s'entr'ouvre aux rayons du soleil de midi, l'*Allium oleraceum*, l'*Allium vineale* aux fleurs rougeâtres disposées en ombelles, souvent remplacées par des bulbes très-serrées ; presque partout on cueille à l'automne les baies rougeâtres du *Physalis alkekengi ;* dans les fossés croissent le *Rumex acetosella*, les différents Fumeterres, le *Tussilago farfara*, le *Ranunculus repens*, le *Convolvulus arvensis ;* la tige du *Draba verna* s'élève du centre d'une rosette de feuilles dentées et annonce le printemps en même temps qu'apparaissent les Céraistes : les pédoncules capillaires des *Agrostis* se balancent au vent à côté des *Setaria*.

L'ubiquiste *Capsella bursa pastoris* fleurit en toute saison et devient polymorphe suivant les terrains ; sa vulgarité semblerait indiquer une propriété encore inconnue.

L'*Anagallis arvensis* montre tour à tour sa corolle rose ou bleu d'azur ; le *Galium aparine* avertit le botaniste de sa présence par ses aspérités ; sa tige longue et faible se sert de la vigne comme appui. On ne peut manquer d'y trouver le *Sherardia arvensis*, les Véroniques annuelles aux fleurs solitaires, axillaires, les Valérianelles qui offrent au pauvre leur salade d'hiver, le *Saxifraga tridactylites*, plante naine qui annonce le retour du printemps et fait regretter au botaniste la pauvreté en espèces de ce genre si riche aux Alpes et aux Pyrénées. L'*Aristolochia clematitis* envahit les fossés à l'aide de ses longues racines rampantes et domine les *Sedum* qui se trouvent largement représentés dans la flore des vignes ; le *Calendula arvensis* aux fleurs se succédant toute l'année, aux graines mûres en toute saison, fait la désolation du vigneron par sa propagation rapide et la vitalité de ses semences : il se perpétue dans tous les vignobles associé au *Viola arvensis*, aux *Lactuca virosa*, *saligna*, *perennis*, *scariola*.

Les plus universelles parmi les plantes de cette station sont, sans contredit, les espèces suivantes : le *Poa annua* qui ne redoute aucune intempérie, l'*Hordeum murinum*, le *Polygonum aviculare* qui servira d'engrais à la terre par sa décomposition, le *Geranium columbinum*, le *Glechoma hederacea* dont les feuilles arrondies et réniformes couvrent souvent la terre au point d'étouffer toute autre végétation, le *Linaria vulgaris*, le *Silene inflata*, le *Thlaspi arvensis*, le *Sinapis arvensis*, le *Bromus sterilis* aux épillets purpurins, de nombreuses *Chénopodiacées*, l'éternel chiendent, *Triticum repens*, le *Diplotaxis viminalis*, les *Fœniculum officinale* et *Anethum graveolens*, à l'odeur et à la saveur si caractéristiques; le *Datura stramonium*, les *Linaria elatine* et *spuria*, le *Ficaria ranunculoides* aux fleurs jaune-doré, la quinte-feuille, etc. Quelques plantes, comme le *Phleum asperum*, cantonnées dans les vignes, n'ont qu'une aire restreinte et souvent ne se retrouvent pas dans d'autres localités où existent des vignobles : la tulipe et l'aristoloche, par exemple, sont spéciales à certains vignobles : elles ont peut-être été plantées l'une pour ses fleurs, l'autre pour ses propriétés médicales connues des femmes de la campagne. Ce tableau comporterait encore de plus amples développements; il suffit toutefois pour montrer que les vignes réclament une herborisation spéciale : on les défriche de jour en jour; il est temps d'herboriser dans les vignobles, car la végétation qui les envahit est destinée à disparaître.

HYDROLOGIE.

Les eaux qui traversent le département appartiennent à trois directions principales : les unes se jettent dans la mer en traversant la Normandie; d'autres descendent au Nord en traversant le bassin de la Somme; le reste va rejoindre le bassin de la Seine.

Le principal cours d'eau est l'*Oise* qui a donné son nom

au département : elle prend sa source en Belgique, traverse le département de l'Aisne, coupe diagonalement le département de l'Oise du nord-est au sud-ouest où elle entre chez nous. Son cours total est de deux cent vingt kilomètres; il n'est que de quatre-vingts dans le département; dans ce trajet, l'Oise reçoit à gauche l'Aisne, l'Automne, la Nonette, la Thève; à droite la Verse, le Matz, l'Aronde et le Thérain grossi de l'Avelon : pendant son parcours jusqu'à Choisy-au-Bac, l'Oise repose sur le terrain de transport ancien; elle continue sur la craie jusqu'à Armancourt, et, à partir de ce lieu, elle rencontre les sables tertiaires glauconieux.

Quelquefois ces différents cours d'eau dépassent leurs bords et inondent momentanément les champs qui les entourent : ces eaux limoneuses déposent une alluvion sédimenteuse riche en principes féconds pour la végétation; les inondations ne durent jamais assez longtemps pour être nuisibles. De nouvelles plantes surgissent souvent dans ces champs inondés et d'où l'eau s'est retirée; elles viennent enrichir le botaniste.

Dans le parcours de l'Oise, on rencontre fréquemment des îles résultant d'attérissements; ces îlots varient souvent d'étendue, de forme et de hauteur; quelquefois ils disparaissent, parfois ils se reforment. Ils deviennent une source de nouvelles jouissances pour le botaniste qui est presque toujours certain d'y rencontrer une espèce égarée qui s'est abritée dans cette station passagère pour y suivre toutes les phases de son évolution; c'est ainsi que se présentent aux regards le *Corrigiola littoralis*, le *Montia fontana*, le *Lythrum hyssopifolia*, le *Polygonum amphibium*, le *Myosotis lingulata*, les graminées hydrophiles. Cette flore des cours d'eau a un *facies* distinct : c'est, pour ainsi dire, le port où débarquent les nouvelles venues. Le long des rives de l'Oise, on rencontre les *Glyceria* et les *Catabrosa*, le gracieux *Butomus umbellatus* que nous retrouvons dans les fossés du chemin de fer, le *Tanacetum vulgare* au feuillage ample et touffu, à l'odeur pénétrante, associé presque toujours aux *Menthes* aquatiques et au *Lycopus europœus*. Ici, la rive est envahie par le *Cochlearia armoracia* que les eaux ont transporté; là, par le *Ptarmica vulgaris*, le *Scirpus maritimus*, le grand *Rumex aquaticus*.

Dans les fossés de dérivation, le *Villarsia nymphoides* rivalise avec le Nénuphar: une végétation serrée rend ces fossés intéressants pour l'herborisateur; c'est là qu'il trouve l'*Hippuris vulgaris*, les *Alisma*, le *Sagittaria* aux belles fleurs, aux feuilles variables, la nombreuse famille des Potamées, le *Lysimachia vulgaris*, qui associe souvent ses fleurs jaunes aux fleurs rouges du *Lythrum salicaria*. Dans les prairies voisines souvent inondées, le botaniste cherche à découvrir le très-rare *Malaxis Lœselii*, si elles sont tourbeuses : il rencontre plus souvent l'*Habenaria viridis* qui semble croître de préférence au milieu de ces alluvions sédimenteuses, les *Schœnus* destinés à la consolidation du sol, l'*Ophioglossum vulgatum*, les Stellaires, et le *Senecio paludosus*.

Un des affluents de l'Oise, est le *Thérain* qui coule vers la direction sud-est au fond d'une vallée remarquable par la richesse de sa végétation; la rapidité du Thérain est considérable relativement à son volume d'eau : aussi remarque-t-on sur tout son parcours l'érosion de ses rives et le profond sédiment qu'il laisse partout où il passe. Les eaux du Thérain ou celles de ses affluents traversent des étages géologiques où le carbonate de chaux domine: aussi déposent-elles sur les herbes environnantes des dépôts calcaires après un long séjour par suite d'inondations. Les différentes *Renoncules*, de la section *Batrachium*, préfèrent ces eaux et étendent à leur surface leurs feuilles si différentes suivant le milieu où elles se développent; dans la région crayeuse, c'est le *Ranunculus tripartitus* qui est caractéristique; les autres espèces habitent indifféremment les eaux du Thérain; le *Sparganium simplex* se développe plus souvent dans ce cours d'eau que dans les autres; en beaucoup d'endroits, le *Carex pseudo-cyperus* laisse pendre ses épis et contraste avec le *Carex acuta;* plus humble croît à leurs pieds le *Carex hirta*. Les fossés de dérivation ou de partage des prairies donnent asile à la délicate famille des *Chara*, dont les touffes se recouvrent de belles et fines incrustations que développent les eaux chargées de calcaire. Partout, sur les rives, le *Caltha palustris* épanouit ses belles fleurs; la surface des eaux des fossés se couvre d'un monde de *Lemna* doué d'un double moyen de multiplication, en s'associant presque toujours aux *Callitriche* et aux *Naias*, pour tapisser les eaux d'un beau gazon verdoyant; les *Myriophyllum* y abondent; le *Veronica anagallis* se développe partout dans la vase. Il est bien rare, dans une excursion, le long du Thérain, de n'y point cueillir au printemps les *Cardamine pratensis* et *amara*, sans parler de la foule des plantes ubiquistes-aquatiques.

L'*Avelon* prend sa source à Blacourt, au milieu des sables ferrugineux. Il se réunit au Thérain à sa sortie de Beauvais, après avoir traversé en mille sinuosités le pays de Bray. Sur sa gauche il reçoit quatorze affluents, dont sept coulent comme lui au milieu des sables ferrugineux. Les onze affluents, à droite, coulent presque continuellement sur des sables ferrugineux et des argiles. Beaucoup de ces affluents et l'Avelon lui-même traversent des couches de tourbières riches en sels de fer. D'après l'étude des minéraux que contiennent les roches traversées par la masse d'eau de l'Avelon, on acquiert la certitude que la silice et le fer dominent dans ces eaux. Aussi les inondations de ces ruisseaux déposent-elles sur les herbes environnantes une pellicule irisée, résultat des sels de fer.

Dans les eaux de l'Avelon se plaisent les plantes qui n'aiment pas les eaux limpides, les *Nymphœa*, les *Typha*, les *Hydrocharis* : le *Ranunculus hederaceus* s'étale sur ses berges argileuses; le *Cicuta virosa*, grande rareté, aimait à baigner son pied dans ces eaux limoneuses; sur les bords croissent les *Senecio erucæfolius*, *viscosus*, *paludosus*, le *Sonchus palustris*, le *Ptarmica vulgaris*: ce sera une bonne fortune pour le botaniste que d'explorer les mares de cette région, là croissent exceptionnellement le *Potamegeton acutifolium*, le *Pilularia globulifera*, rareté des terrains inondés; les sources qui s'échappent en maigres filets vous présentent sur leurs bords le *Veronica scutellata*, le *Scirpus sylvaticus*, le *Lysimachia nemorum*, par hasard les *Chrysosplenium* associés à l'humble *Adoxa moschatellina*. Toutes les prairies inondées par la dérivation de ces cours d'eau, nourrissent en grande abondance les *Joncées*, les *Cypéracées*, les *Equisétacées*, qui aiment la silice : ces prairies ne sont nullement favorables au développement des *Graminées*.

Les autres rivières ou cours d'eau présentent des phénomènes analogues suivant les couches géologiques qu'ils traversent; nous ne croyons pas devoir insister davantage, il nous suffit d'avoir pu signaler en passant l'importance de l'analyse chimique des eaux. Les grands cours d'eau nous offrent, en opposition aux petits courants, le *Potamogeton gramineus* et le *Scirpus maritimus*. *L'Ourcq* traverse l'angle sud-est où le canal qu'elle alimente commence à Mareuil. *L'Epte* sert de limite à l'ouest; cette rivière est située dans une vallée étroite bordée de coteaux à pentes rapides reposant en partie sur une argile *plastique*. Lors des grandes pluies ou de la fonte des neiges, ses eaux s'élèvent presque subitement et produisent des inondations. La *Troesne* a un lit en partie artificiel : elle repose sur des sables glauconieux et n'est point sujette aux inondations. *L'Aunette* coule sur un lit crayeux et déborde souvent. Les eaux de la Troesne à Trie-Château et les sources qui surgissent des pentes du bois de Labrosse, près Chaumont, ainsi que la fontaine du parc de Vaudencourt, déposent un sédiment calcaire sur les corps immergés.

Les cours d'eau ont, en général, une flore à part et méritent l'attention du botaniste : ils peuvent, en effet, changer la distribution des végétaux dans un département, en transportant des plantes d'un département voisin (c'est ainsi que l'Aisne transporte l'*Acorus calamus*, etc.), en étendant l'aire de végétation de certaines espèces par le transport de leurs graines le long de leurs rives ou en les déposant plus avant dans les terres à la suite d'inondations; c'est ainsi que le *Lysimachia nemorum* et les *Chrysosplenium* étendent chez nous leur aire de distribution en suivant les cours d'eau.

Quand les vallons sont exposés à être habituellement dégradés par les eaux pluviales, comme dans la région septentrionale du canton de Crevecœur, elles entraînent avec elles, outre la couche végétale, des pierres et des cailloux, qui forment une alluvion caillouteuse où végètent des plantes entraînées loin de leur station habituelle et qui jettent le botaniste dans l'étonnement. Il doit donc étudier quelle a pu être l'influence d'un cours d'eau, d'une inondation, d'un torrent passager, quand il rencontre une espèce dont la station peut lui présenter quelque doute. Ces nombreux cours d'eau coulent au fond des vallées et vallons sur la végétation desquels ils influent d'une manière notable : nous ne pouvons ici faire une étude approfondie de ces diverses variations; nous voulons seulement attirer les regards du botaniste-géographe sur ces considérations.

La vallée de l'Oise est riche et fertile; elle comprend de nombreux vallons, dont les eaux arrosent de belles prairies donnant des pâturages estimés. Dans la vallée du Matz, les eaux de quelques vallons, réunies à celles du Matz, fertilisent les contrées qu'elles arrosent, tandis que dans la vallée de La Bresche, les eaux de la rivière, grossies dans les temps d'orages par des torrents venus de loin, occasionnent des débordements pernicieux pour les plaines et les villages qui bordent la vallée. La vallée de la Lesche fournit des céréales, et dans la partie sud-est quelques coteaux sont plantés en vignes. La vallée de l'Aisne est riche et fertile; la vallée de l'Automne, grâce aux fréquentes sinuosités de la rivière et des nombreux cours d'eau qu'elle reçoit, présente un caractère de beauté et de fertilité tout à la fois assez remarquable. La vallée de l'Epte offre une culture difficile et coûteuse, mais sur les bords de l'Epte s'étendent des prairies naturelles qui donnent des produits abondants. Le vallon de Lingons, qui a son ouverture dans la forêt de Bouvresse, donne naissance à un grand nombre de marais où la présence de bosquets nombreux entretient la stagnation de l'eau. Le vallon de la Celle est généralement fertile, et cependant il est tourmenté par des sinuosités, des pentes et des contre-pentes : il offre quelques bouquets de bois épars çà et là. Les prairies sont assez estimées.

Il existait autrefois de nombreux étangs et marais que l'on dessèche journellement, tels que ceux de Fay, de Pontdron, du Vivier-d'Angers, de Bailly, du Berval, etc.; en rendant le climat plus froid et plus insalubre, ils devaient influer sur la végétation du département; ces marais disparaissent de jour en jour. on les dessèche et on les restitue à la culture; à leur place apparaissent de magnifiques prairies; cependant on en rencontre quelques-uns encore qui nourrissent, comme les fossés du chemin de fer, des espèces rares que nous citerons dans le catalogue; presque tous donnent asile à la nombreuse armée des plantes ubiquistes-palustres. Bientôt le grand canal maritime de Paris à Dieppe amènera des modifications dans la végétation sur tout son parcours; en drainant et en asséchant les marais avoisinants, il améliorera certains terrains, fera disparaître quelques espèces, et les fouilles auxquelles il donnera lieu en feront reparaître de nouvelles; ses berges deviendront la patrie d'espèces étrangères que les eaux transporteront après les avoir enlevées à d'autres stations.

FORÊTS ET BOIS.

La végétation forestière occupait autrefois tout le pays de Bray et une grande partie du sol du département de l'Oise : elle commença à être détruite dans la première moitié du XIIIe siècle, sous l'épiscopat de Miles de Nanteuil. La plupart des abbés, propriétaires du sol, ont graduellement dégarni le terrain des bois qui le recouvraient; ils aliénaient la terre temporairement à charge de défrichement et de conversion de la surface en terres labourables.

Les bois et forêts occupent actuellement, dans le département, une surface de 106,446 hectares : ils appartiennent à l'État, aux communes et aux particuliers. On compte parmi les plus belles forêts la forêt de Compiègne, celle de Laigue, celles d'Ermenonville, de Halatte, de Pontarmé, de Chantilly, de Hez, de Thelle, etc. — La plus importante est celle de Compiègne qui couvre une surface de plus de 14,000 hectares et rapporte à l'État un million.

Des centaines d'ouvriers sont occupés toute l'année à l'entretien et à l'exploitation de cette forêt. L'essence forestière la plus commune dans le Bray, c'est le chêne; dans la partie septentrionale, c'est le charme, le hêtre. On trouve répandus dans tous les terrains l'orme, le frêne, le bouleau, le peuplier noir, le tremble en assez grande abondance, la boursaude, le cornouiller, le coignassier, le châtaignier, de temps à autre, le merisier, le sorbier, le tilleul, l'alisier et plusieurs espèces de saules. Dans les régions où n'existent pas de grandes forêts, la végétation forestière se trouve répartie en bouquets de taillis sous baliveaux. Le peuplement des bois en plaine est principalement en chêne, en charme, en bouleau, en boursaude, en coudrier. Dans les vallées basses et dans les terrains de plaine où l'humidité du sol peut favoriser ces essences, on plante les frênes, les peupliers noir, grisard et blanc dans la vallée du Thérain, les saules marceau, blanc, jaune, hélix, osier, à feuilles auritées, triandre, fragile; l'aune, le platane dans la vallée de Noye, etc.

Les terrains sablonneux ou argileux se garnissent spécialement des essences du chêne, du coudrier, du merisier, du hêtre; le hêtre préfère le sol rapproché de la roche crayeuse, et souvent il y constitue des forêts entières; l'orme se plaît sur tout le calcaire grossier. Le châtaignier est rare et ne se trouve que par pieds isolés : une tradition du pays a perpétué le souvenir d'antiques et nombreuses forêts de châtaigniers qui auraient formé des massifs considérables dans notre département : il paraîtrait que l'hiver rigoureux de 1709 les aurait détruits presque entièrement. Sur les promenades, autour des villages, on plante souvent les ormes; le prix considérable de cette essence avait beaucoup encouragé sa multiplication. Dans les cantons où l'on fait un grand commerce de fruits rouges, on trouve souvent plantés des cerisiers le long des routes; parfois on rencontre quelques noyers, mais c'est une essence qui tend à disparaître.

Le long de la lisière des bois on rencontre fréquemment les *Trifolium medium*, *ochroleucum*, les *Malva alcea* et *moschata*, le *Rosa stylosa*, le *Geranium columbinum*, l'*Epipactis microphylla*, le *Genista sagittalis*, le *Galium sylvaticum*, l'*Ervum gracile*, le *Lathyrus sylvestris*, etc.

Quand le taillis est remplacé par la futaie, l'*Oxalis acetosella* étale ses feuilles trifoliolées en jolis gazons d'une verdure qui récrée les yeux; là c'est l'*Asperula odorata*, la plante des grands bois, le *Vinca minor*, plante conquérante, remplacé dans les bois de La Neuville-sur-Ressons par le *Vinca major duplex*, le *Monotropa hypopitys* semble préférer les futaies de hêtre en compagnie du *Veronica montana*. — Quand la futaie est abattue, apparaissent le *Spartium scoparium*, l'*Epilobium spicatum* à la belle pyramide de fleurs; dans les éclaircies se montrent les *Hypericum hirsutum*, *montanum*, *elegans*, le *Solidago virga aurea*, le *Gnaphalium sylvaticum*, le *Melittis melissophyllum*, qui, en se mariant aux fleurs bizarres des orchidées, viennent égayer ces sombres localités.

Dans les parties touffues l'*Alchemilla vulgaris*, (bois de Caumont, forêts de La Hérelle, de Malmifait, etc.), ouvre sa feuille étoilée, le *Corydalis tuberosa* épanouit ses jolies fleurs, le *Vicia dumetorum* s'accroche aux jeunes pousses, le *Rubus corylifolius* étale ses rejets, le *Rubus idæus* s'implante dans les pierrailles et semble rechercher le froid et l'ombrage. Plus la forêt s'assombrit et intercepte les rayons du soleil, plus le botaniste compte y rencontrer les *Pyrola minor et rotundifolia*, le *Neottia nidus-avis*, le *Monotropa hypopitys*, plantes décolorées, indiquant par l'absence de la chlorophylle le défaut des rayons lumineux.

Les bois, assis sur la craie, sont favorables au développement, dans leurs parties en relief, des *Digitalis purpurea et lutea*, du *Melampyrum cristatum* dont les racines s'implantent sur celles des *Brachypodium* et des *Festuca*, graminées des terrains crétacés.

Cette roche semble plaire au *Medicago falcata*, à l'*Iris fœtidissima*, espèces rares, au *Peucedanum parisiense*, plus rare encore, à l'*Atropa belladona* qui aime les lieux montueux, à l'*Aquilegia vulgaris*. Dans les fossés, le long des talus, le *Stachys alpina* montre ses feuilles veloutées, l'*Astragalus glycyphyllos* végète et prospère à côté du *Veronica spicata*. Dans les parties dénudées, le *Teucrium montanum* et le *Thesium* semblent former le tapis superficiel; le *Cratægus torminalis* préfère cette région, le hêtre en est l'essence dominante. Sur les talus exposés au nord croissent des touffes d'*Helleborus viridis* et *niger*, des buissons de *Juniperus*, des pelouses entières d'*Anemone pulsatilla*. Si le bois est assis sur les sables ferrugineux et à humus acide du Bray, le *Vaccinium myrtillus* et son congénère plus rare, le *Vitis-idæa*, s'emparent du sol, associés aux plantes conquérantes l'*Ulex nanus*, l'*Erica tetralix;* on y rencontre le *Betula pubescens*, le *Jasione montana*, le *Lychnis sylvestris*, le *Genista sagittalis*, le *Spartium scoparium* essayant d'étouffer la jeune végétation arborescente. Le *Ruscus aculeatus* égaie les lieux montueux touffus en même temps et par son beau feuillage toujours vert et par le rouge éclatant de ses baies. Le *Tussilago petasites* accompagne partout les bois et prairies reposant sur les argiles du Bray. On n'y rencontre pas un seul pied de *Statice*, si commun dans les sables tertiaires. Dans les bois reposant sur le calcaire grossier, on est presque sûr de cueillir les *Orchis galeata*, *simia*, *ustulata;* sur la lisière, le *Limodorum aborticum*, l'*Anacamptis pyramidalis*, tous deux rares; le *Lithospermum purpureo-cæruleum*, digne de rivaliser avec le *Plumbago larpentæ* de nos jardins; l'*Allium ursinum;* les *Anemone sylvestris* et *ranunculoides;* le *Silene nutans;* le *Silene otites;* l'*Arenaria trinervia;* le *Campanula persicifolia :* aux lieux montueux, l'*Actæa spicata* montre ses fleurs fugaces, le *Maianthemum bifolium* se plaît avec le *Scilla bifolia* et le *Tamus communis;* l'*Ajuga pyramidalis;* le *Brunella laciniata;*

sur le sable presque pur, les *Dianthus deltoides*, *prolifer*, *superbus*, étalent leurs corolles ; sur l'argile, le *Sedum telephium* est caractéristique. Les grandes forêts sont spéciales comme stations des *Geranium sanguineum* à grandes fleurs rouge-sang, du *Doronicum plantagineum*, du *Lappa major*, du *Coronilla varia*, du *Cerasus mahaleb*. Les bois ordinaires, les bouquets épars servent d'abris, comme les grandes forêts, aux plantes ubiquistes-sylvestres, au *Luzula vernalis*, au *Luzula multiflora*, à l'*Hieracium auricula*, aux deux *Daphne*, au *Mezereum*, espèce précoce, au *Laureola*, ami de l'ombre, au *Polygonatum multiflorum* et au *vulgare*, moins commun que ne l'indique son nom, espèces préférant l'exposition du nord, au *Sanicula europæa*, au *Mercurialis perennis*, à l'*Agraphis nutans*, etc.

Dans les forêts éclaircies croissent les *Sambucus racemosa*. *Ilex aquifolium*, *Betula alba*, *Salix capræa et aurita*, *Populus tremula*, *Corylus avellana*, *Rosa canina*, *Viburnum opulus*, *Lonicera periclymenum*, *Rubus idæus*, *glandulosus*, *tomentosus*, *Pyrus acerba*, *Prunus spinosa*, *Pteris aquilina*, *Polystichum filix mas et fœmina*, *dilatatum*, *oreopteris*, *Polypodium dryopteris*, *phegopteris*, etc. — Les forêts des arbres verts favorisent le *Monotropa*, les *Orobanche*, quelques orchidées, le *Satyrium*, etc., et d'assez nombreuses espèces de champignons. Quelques plantes toutes spéciales caractérisent certaines forêts, le *Lycopodium chamœcyparissus* au bois de Belloy, l'*Arabis arenosa* au bois de Caumont, le *Scrophularia vernalis*, au bois de Bains et de Boulogne-la-Grasse, le *Primula elatior* dans les bois de la vallée du Thérain, le *Conopodium denudatum* et le *Dentaria bulbifera* dans la forêt de Thelle, le *Thalictrum sylvaticum* dans la forêt de Halatte, les *Cardamine impatiens* et *hirsuta* dans la forêt de Compiègne, le *Viola montana*, dans la forêt de Carlepont, le *Stellaria nemorum* dans la forêt de Laigue, le *Geranium phæum* dans les bois du canton de Maignelay, le *Geranium modestum* dans les bois de la vallée de Thève, le *Trifolium rubens* commun aux forêts de Compiègne, de Halatte, de Pontarmé, le *Cynoglossum montanum* si répandu dans la forêt de Compiègne, l'*Allium scorodoprasum* dans la forêt de Laigue, le *Phalangium liliago* dans la forêt de Compiègne, certains *Carex*, le *Brizoides* dans la forêt d'Ermenonville, l'*Ohmuelleriana*, dans la forêt de Compiègne, l'*Alopecurus fulvus*, dans la même forêt, et quelques autres encore que nous ne rencontrons qu'aux localités indiquées. Les mares de ces forêts ont aussi une végétation caractérisée composée des plantes palustres-ubiquistes et d'espèces rares spéciales aux étangs de ces grandes forêts; chacune d'elles demande de fréquentes herborisations pour en connaître la flore si variée et si belle. Dans un autre fascicule nous espérons faire entrer les espèces les plus remarquables dans le récit des herborisations que nous nous proposons d'ajouter comme complément de ce tableau de la végétation.

Depuis plusieurs années, les communes et les particuliers font des essais de reboisement qu'on ne saurait trop louer en rendant productifs des terrains en friche; c'est ainsi que nous trouvons des arbres verts sur les collines du Montois, le pin sylvestre, le laricio, le mélèze sur les sables ferrugineux du pays de Bray, l'acacia dans quelques cantons, le pin maritime vers Senlis, et partout où le sol est bas et humide, on multiplie les peupliers; dans beaucoup d'endroits, on replante les friches en bouleau dont la croissance rapide étouffe la bruyère; dans quelques localités, on renonce à cette essence parce que l'industrie locale en détruit les jeunes pousses pour la vente des balais. De nombreux étangs sont asséchés et rendus à la culture du pays, les uns pour être convertis en riches pâturages, les autres pour être rendus à la végétation ligneuse. Dans les environs de Noyon, on replante en bois les terrains que l'on retire à la vigne. Les défrichements sont assez considérables depuis quelques années : ils prennent de jour en jour une nouvelle extension; le botaniste peut, jusqu'à un certain point, regretter ces envahissements de la culture qui lui font perdre quelques plantes, mais il s'en réjouit malgré tout, parce que c'est un bien pour l'intérêt général; d'ailleurs, les pertes occasionnées par le défrichement sont compensées par le gain des espèces que ramène le reboisement; les plantations d'arbres verts surtout favorisent le développement d'une riche flore cryptogamique et mettront probablement à jour des espèces nouvelles pour le botaniste dans des herborisations ultérieures. Les pertes, du reste, n'affectent que l'aire de distribution de la plante; il arrive bien rarement qu'une espèce ne croisse qu'à une seule localité, et, sous ce rapport, il est facile d'établir l'inventaire de nos pertes totales. Le *Geranium phæum*, espèce très-rare, a disparu des triages de la forêt de La Hérelle qui ont été défrichés vers Broyes et Plainville. L'assèchement du marais tourbeux de Bretel entre Saint-Pierre-ès-Champs et Saint-Germer, commencé en 1832, a amené la rareté d'abord du *Cineraria palustris*, ensuite sa disparition totale. La même cause a fait perdre l'*Oxycoccos palustris*, rareté de la vallée de Thève où Thuillier l'avait cueilli lui-même. Le *Gratiola officinalis* existait autrefois à l'étang de la forêt de Hez, aujourd'hui desséché; nous l'avons cueilli nous-même au marais de Therdonne; le partage de cette propriété communale en a déterminé la culture réglée. On ne le retrouve plus. Le *Lathrœa squammaria*, grande rareté, a disparu des bois de Formerie, qui ont été défrichés.

Le *Silene noctiflora*, trouvé une fois à Hermes, espèce adventive, a disparu pendant que les ouvriers étaient occupés aux terrassements du chemin de fer. Le *Silene catholica*, indiqué dans une note manuscrite de M. Graves, est une espèce douteuse chez nous. L'assèchement de l'étang de Pontdron a fait disparaître le *Malaxis lœselii*, l'*Alisma ranunculoides*, le *Naias minor*, l'*Utricularia minor*, le *Cicuta virosa*. Le *Lycopodium selago*, cueilli par M. A.-L. de Jussieu, en septembre 1780, sur la molière de Sérans, n'a plus été retrouvé depuis. Le *Reseda phyteuma*, indiqué par Cambry, semble avoir disparu. Le défrichement de la garenne de Bertichères a amené la disparition de l'*Alchemilla vulgaris*.

Telles sont à peu près les pertes que le botaniste a pu constater et enregistrer depuis une trentaine d'années. Elles sont amplement compensées par le gain des espèces rares qui retrouvent une nouvelle localité sous l'abri des reboisements. Nous avons en notre possession un herbier dont les étiquettes bien détaillées, par rapport aux localités et aux dates, présentent toute garantie, c'est l'herbier de M. Lenglet qui se trouvait en relation avec M. A.-L. de Jussieu auquel il envoyait ses échantillons à comparer. Cet herbier comprend toute la flore de l'Oise, et la date la plus ancienne qu'il indique est de 1770; à partir de cette époque nous n'apercevons aucune perte; quelques localités ont disparu, mais la plante se retrouve dans d'autres stations, c'est ainsi que le *Lycopodium clavatum* (trouvé en 1777), à l'étang d'Ons-en-Bray n'existe plus; le *Pilularia globulifera* (cueilli en 1779), dans l'étang de l'évêché, ne se retrouve plus par suite de l'assèchement de l'étang, etc. La végétation du pays a donc peu varié depuis cent ans.

MURS, CHATEAUX, RUINES, LIEUX AZOTÉS.

La flore *rudérale* et *pariétale* a un caractère spécial et renferme la plupart des plantes azotées : on la reconnaît facilement; notre intention n'est pas d'en faire une description détaillée, mais d'en donner un aperçu général. La plupart des plantes qui recherchent les lieux azotés ont généralement dans tout leur port une consistance sèche et assez souvent velue qui les rend moins sensibles aux effets de la gelée; leur taille n'est jamais assez élevée pour que les vents puissent les briser, d'ailleurs elles ne trouvent pas des éléments assez substantiels pour prendre un grand développement; la plupart, exposées à de nombreuses chances de disparition par suite du ragréement des murs, sont presque toutes pourvues de nombreuses graines, comme les *Hieracium*, *Taraxacum*, *Linaria*, etc. Par suite de leur villosité, les feuilles profitent du bienfait de la plus petite pluie et souffrent moins des effets du rayonnement nocturne.

Le *Salvia sclaræa*, à la tige rude, aux feuilles ridées, aux dents calicinales épineuses, se plaisait encore, il y a quelques années, sur les anciens remparts de Gerberoy; sans doute c'est un débris de l'ancienne culture des plantes du moyen âge. Le *Geoglossum glabrum* affectionnait les ruines du vieux Pierrefonds. On rencontrait autrefois le *Corydalis lutea* dans les rues de Beauvais, dans celle du Petit-Thérain, etc. On le retrouve encore aujourd'hui sur les murs intérieurs de Saint-Lazare.

Le *Cheiranthus cheiri*, la fleur des murailles, prospère sur d'anciennes constructions et de vieux murs exposés au nord; c'est ainsi qu'on peut le voir sur la cathédrale de Beauvais, à l'église Saint-Etienne de Beauvais, au collége, dans les rues du Tournebroche, de l'Ecole-du-Chant, du Petit-Thérain, aux ruines de Montépilloy, de Pierrefonds, de Cressonsacq, à la tour de Compiègne, etc. Déjà Gerarde, en 1597, l'avait surnommé *Wall-Flower* (fleur des murailles). Le *Fumaria media* croît sur les murs de Baron. Le *Turritis glabra* se conserve depuis des siècles sur les murs de la préfecture et de la cathédrale, dans la rue Sellette et sur les murs qui longent la place du théâtre. Le *Sisymbrium sophia*, aux feuilles à segments légèrement velues, le *Sisymbrium irio* se plaisent sur les murs à chaperon de chaume, à Marissel, à Bulles, etc. ou dans les fentes des murailles construites en moellons, à Mouy, Bury, Angy, Balagny, Creil, etc., sur le parapet de pierre du pont de la Porte-de-Paris, à Beauvais. L'*Erysimum cheiranthoides* est plus rare; cependant on le rencontre parfois sur les murailles à Beauvais, Méru, Clermont. Le *Diplotaxis tenuifolia* croît sur les vieux murs à Noyon, Creil, Beauvais, le *D. muralis* est bien moins commun sur les murs que son nom l'indique; il se trouve remplacé chez nous par le *D. tenuifolia*. Les murs de la région calcaire exposés au midi voient souvent se reproduire, au milieu du ciment désagrégé, les *Reseda luteola* et *lutea*. Le premier, sans doute, est un débris des anciennes cultures du moyen-âge et s'est perpétué, avec persistance, sur les habitations qui survivent aux individus. Le *Myosurus minimus*, presque nain, charmant par sa délicatesse, choisit de préférence les toits de chaume et les murs à chaperons enduits de terre pour y fleurir en été; aussi n'est-il pas rare de le rencontrer presque dans tous les villages. Le *Chelidonium majus*, espèce ubiquiste, pousse partout, s'insinue dans toutes les fissures et donne aux décombres leur physionomie sauvage par son feuillage d'un vert sombre et triste; il est souvent en compagnie du *Geranium Robertianum*, tandis que l'*Erodium cicutarium* fleurit toute l'année de préférence sur les chaperons des murs un peu humides; c'est là que, suivant les éléments qu'il trouve, il change de feuillage et devient polymorphe; c'est un des priviléges des plantes ubiquistes de s'accommoder de tout terrain, de toute exposition, de tout climat, par une simple modification des organes de la feuillaison. Le *Draba verna* envahit tous les murs, pour ainsi dire, et s'épanouit en mars, associé au *Saxifraga tridactylites*, qui rivalise avec lui de précocité. Le *Dianthus caryophyllus*, fleur aristocratique des Alpes, semble au sommet des tours ou sur les murs des anciens châteaux, à Pierrefonds, à Crépy, chercher un souvenir des collines élevées où elle étalait sa brillante corolle. Pour s'accommoder à l'aridité des lieux où elle croît, sa tige prend une consistance ligneuse. Le *Sagina procumbens*, espèce ubiquiste, l'*Holosteum umbellatum*, les *Cerastium arvense*, *murale* s'établissent avec l'*Arenaria serpyllifolia*, sur les murs en boue et sur les toits recouverts en chaume. Il y a cinq ans à peine que l'*Arenaria balearica*, qui couvrait de son tapis de mousse le mur d'un jardin de la rue Notre-Dame à Beauvais, a disparu par suite de la démolition du mur; c'était la station unique chez nous de cette rare espèce. Sur les murs du château de Villotran, nous avons cueilli l'*Androsæmum officinale*, échappé du parc, sans aucun doute; mais il s'y est tellement implanté et propagé qu'il a revêtu un air d'indigénat tout naturel. La *Vigne* elle-même couvrait encore, il y a quelques années, de ses rejetons sauvages les murs du château de Béthisy, et semblait s'y reproduire naturellement.

Le *Geranium lucidum* affectionne spécialement les murs où domine le plâtre, à Gouvieux, La Morlaye, Précy. Dans les lieux secs, sur les vieilles murailles, le *Medicago falcata* ne craint pas de venir s'établir; il s'accommode de tout terrain. La famille des Crassulacées occupe une large place dans la flore pariétale; elle nous rappelle les plantes grasses qui recherchent les anfractuosités des rochers et croissent, pour ainsi dire, sur la pierre même. Dans la plupart des cantons de Marseille, Grandvilliers, Formerie, Froissy, Estrées-Saint-Denis, Compiègne, etc., on rencontre le *Sedum album* sur les murs en boue recouverts de chaume, le *Sedum acre* aux touffes envahissantes; le *Crassula rubens*, seule espèce indigène, est plus rare dans cette station; le *Sedum reflexum* décore les toits et les murs de Méru, Formerie, Grandvilliers, Ivors, etc.; la variété *Hexasepalum* se rencontre à Sommereux, à Pierrefonds, à Chaumont, à Crépy, sur quelques murailles. Le rare *Sedum dasyphyllum*, cultivé presque partout, étale ses touffes gracieuses sur certains murs de clôture de jardins. Il semble qu'il ne doive pas s'éloigner de la station que l'homme lui a donnée.

Le *Sempervivum tectorum* décore de ses jolies fleurs purpurines ouvertes en étoile le faîte des constructions couvertes en chaume; la main de l'homme le propage et le respecte; ses belles rosettes de feuilles épaisses et imbriquées garantissent son toit contre les oiseaux de proie nocturnes qui, pour chercher les souris, arrachent la paille. Dans tous les cantons de la région crayeuse, on rencontre, à la crête des toits et sur les chaperons des murs, planté à la même intention, depuis un temps reculé, l'*Iris pumila*, espèce méridionale égarée dans les cantons de Grandvilliers, de Formerie, de Crevecœur, de Breteuil, de Saint-Just, etc. Mais l'homme ne se contente pas de la placer sur ses toits, il lui donne encore place dans ses jardins où cette belle espèce semble le remercier par la variété et la richesse des couleurs qu'elle revêt sous l'influence de la culture; dans quelques villages du canton de Liancourt, on a donné la préférence à la variété à fleurs jaunes de cet *Iris*. L'*Iris germanica* employé à cet usage est beaucoup plus rare, cependant on le rencontre à Chantilly, à Morfontaine, à Compiègne; il semble toutefois que cette espèce eût plutôt mérité d'être propagée; ses fleurs, si belles et si riches de coloris, sont bien propres à masquer la nudité des murailles et à embellir le faîte des chaumières.

Le *Ribes grossularia*, apporté par les oiseaux avides de ses baies, se reproduit parfois sur quelques murs; mais il est rare et prospère avec plus de vigueur dans le terreau de décomposition des vieux saules. La famille des Ombellifères semble s'éloigner des murs; un seul représentant, l'*Ægopodium podagraria*, s'établit au pied même des murailles et ne peut être détruit, à Beauvais, à Creil, etc. Tout le monde sait combien l'*Hedera helix* aime les vieilles murailles qu'il décore de sa verdure perpétuelle : il s'implante partout où il trouve une fissure, c'est la plante des ruines par excellence. Par hasard, on aperçoit un *Sambucus nigra*, mais il est rare qu'il persiste. On sait combien ses racines ont de puissance et on a soin de les arracher. Les murs de Chaumont ont offert aux botanistes le *Rubia tinctorum*, provenant sans doute d'anciennes cultures.

Le *Centranthus ruber* a été introduit depuis longtemps dans les jardins et s'est naturalisé sur les murs, car il subsiste indéfiniment à Grandvilliers, Compiègne, Saint-Lucien, Senlis, Crépy, etc.; son beau corymbe de fleurs rouges, s'épanouissant au milieu de feuilles glauques, fait toujours un joli effet et a trouvé grâce devant la main qui devait l'expulser de cette station. La grande famille des Composées n'a que peu de représentants dans les lieux azotés. Ce sont presque toujours des Chicoracées à fleurs jaunes, l'*Hieracium murorum*, aux feuilles parfois tachetées comme si la pauvreté des éléments nutritifs le rendait chlorotique, le *Prenanthes muralis*, commun à Beauvais, dont la présence égaie les vieux murs; le *Taraxacum dens Leonis*, espèce vulgatissime; le *Crepis tectorum*, ubiquiste et polymorphe, etc.

Les *Veronicæ annuæ*, qui supportent également le froid et la chaleur, végètent toute l'année sur ce sol artificiel. Le *Linaria cymbalaria* se trouve presque partout et embellit la plupart des murs exposés au nord; le *Linaria minor* est plus rare; on le rencontre cependant sur les murs en moellons à Lamorlaye, Creil, Liancourt, etc. L'*Antirrhinum majus* a conquis droit de cité sur les vieilles murailles où il épanouit tout l'été sa corolle tantôt purpurine, tantôt jaunâtre, parfois nuancée de mille couleurs; il semble se plaire sur les bâtiments en ruines; cette station aride lui donne même plus de vitalité : annuel ou bisannuel dans nos jardins, dont la terre trop substantielle le gorge de sucs et le rend plus sensible aux gelées, il devient, dans les lieux azotés, moins succulent, plus ligneux. Aussi persiste-t-il de longues années.

Le *Mentha viridis*, cultivé généralement, ne cherche un refuge sur les murailles à Betz, à Cuvergnon, que par exception; ce n'est pas là sa station habituelle. Il n'en est pas de même des Chénopodiacées; de tout temps elles se sont plu dans le voisinage des habitations et ont aimé un sol où se putréfient les matières organiques : aussi presque toutes les espèces se rencontrent au milieu des débris, des ruines, au pied des murs, aux lieux incultes et pierreux; c'est ainsi que l'on rencontre les *Chenopodium bonus-Henricus*, *urbicum*, *murale*, *hybridum*, etc., espèces aux feuilles anguleuses, aux tiges droites et raides, souvent recouvertes d'une poussière furfuracée; elles s'associent aux *Atriplex* avec lesquels elles ont un air de famille qui frappe les regards les moins observateurs. Le *Rumex scutatus* n'est pas commun; il aime les stations chaudes et on le trouve sur les murs en moellons à Royalieu, à Angy, à Bury, à Balagny; mais il n'a point l'air indigène. Semblables aux Arroches par le port et l'aspect, les Amaranthes se rencontrent assez souvent dans les rues et au pied des murs. On cueille ainsi l'*Amaranthus blitum*, aux feuilles d'un vert livide, à Saint-Just-des-Marais, à Beauvais, etc. Tout le monde sait que l'*Urtica dioica* aime le voisinage de l'homme; cette espèce semble s'attacher à ses pas et le prévenir qu'elle doit lui être d'une grande utilité puisqu'elle l'accompagne partout; aussi s'empare-t-elle de tous les murs dont le ciment se disjoint; sa tige sèche et filamenteuse, ses feuilles assez coriaces et d'un vert sombre, les poils nombreux dont elle est hérissée, tout semble s'harmoniser avec la tristesse et l'aridité des lieux qu'elle préfère. Elle fuit les forêts, et partout où le botaniste la rencontre, il est sûr du voisinage des habitations.

Le *Parietaria diffusa*, caractéristique des murailles, plante azotée par excellence, tapisse la plupart des murs humides ou au pied desquels coule un cours d'eau; par ses graines, au calice glutineux garni de petits poils et persistant, elle s'attache aux pierres qui semblent devoir être à l'abri de végétation, elle y adhère et y persiste. Au pied des murs, dans les jardins ou sur les murailles que ne réchauffent pas les rayons du soleil, le *Marchantia polymorpha* étale ses expansions membraneuses et sa végétation digne de fixer l'intérêt du botaniste.

De nombreuses espèces de *Mousses*, ressemblant par leur port à de véritables petites plantes phanérogames en miniature, s'attachent avec les *Lichens* aux constructions de l'homme; ces dernières espèces semblent destinées à détruire à la longue ce que la main de l'homme a édifié; les *Byssus* s'étalent sur les pierres lisses comme pour préparer aux lichens une adhérence plus facile; les pierres offrent-elles des aspérités, les lichens crutacés s'en emparent sur-le-champ, s'y étalent en plaques tuberculeuses, absorbent pour végéter l'humidité et les brouillards de l'atmosphère, s'insinuent dans les moindres crevasses, désagrègent peu à peu le ciment qui joint les pierres, leur décomposition fournit une terre bien maigre qui peut servir déjà à l'établissement d'autres espèces plus coriaces, plus envahissantes; des mousses, des graminées s'y établissant, viennent augmenter la couche d'humus, préparer un fond à une végétation plus destructive encore, et, sous cette action lente, mais puissante, les murs finissent par s'écrouler et par tomber en ruines.

C'est ainsi que les roches calcaires sont spécialement envahies par les *Psora decipiens*, *vesicularis*, *lurida* qui affectionnent le calcaire grossier, les *Placodium albescens*, *fulgens*, *gelidum*, *ochroleucum*, les *Squamaria crassa* et *lentigera*, les *Lecanora parella*, *incrustans*, le *Pyrenula nigrescens*, les *Collema tenuissimum*, *cristatum*, etc.

Les roches siliceuses sont le siége d'une végétation cryptogamique spéciale : elles sont habitées en grande partie par des lichens saxicoles que l'on retrouve dans les pays de montagnes et qui se mêlent aux ubiquistes; ce sont spécialement : les *Cornicularia pubescens*, *Physcia chrysophthalma*, *Gyrophora pustulata*, *murina*, *Parmelia physodes*, *conspersa*, *olivacea*, *Lecanora badia*, *atra*, *Urceolaria scruposa*, *Rhizocarpon geographicum*, *Isidium corallinum*, etc.

Que l'homme change la nature des matériaux qu'il affecte à la construction et aussitôt les lichens changeront d'espèces et de genres. Sur un mur enduit d'argile s'implantera le *Lecanora discolor;* est-il construit en silex pyromaques, il se trouve aussitôt envahi par les *Lecanora parella*, *Urceolaria Hoffmanni*, *Gyalecta epulotica*, *Rhizocarpon confervoides*, *Lecidea lapicida*, *Verrucaria actinostoma*; les habitants du pays de Bray, trouvant sous la main les grès ferrugineux néocomiens, s'en servent souvent dans la construction de leurs murs; des lichens spéciaux y adhèrent; ce sont les *Lecanora intricata*, *Lecidea carphina*, *ochrochlora*, *flavicunda*, *Verrucaria muralis*, *concentrica*; les couvertures des chaperons sont habitées par des espèces particulières : sur l'ardoise, c'est spécialement le *Lecanora atra grumosa;* sur la tuile, le *Lecanora parella*. Le mur est-il vieux, il nourrit un plus grand nombre d'espèces destinées à concourir à sa destruction. Aucune construction n'en est à l'abri; tout, même la pierre la plus dure, rentre dans cette loi qui régit l'univers : « Rien ne se détruit, tout se transforme. » Parmi les graminées, les *Bromus sterilis*, *tectorum*, *mollis*, laissent pendre leurs épillets sur les toits secs, le *B. tectorum* paraît affectionner les moellons. La famille des Fougères aime, en général, à s'abriter le long des murs, sur les églises dont l'élévation lui donne un refuge contre les vents et lui fournit l'humidité nécessaire.

Le *Ceterach officinarum*, petite mais curieuse espèce, croît sur les murs de la Préfecture, de Trie-Château, de Boursonne, de Thury, d'Angy, de Flavacourt, etc.

Le *Scolopendrium officinale* étale, sur les murs humides ou entre les fissures des églises de Tillard, d'Espaubourg, etc., ses touffes vertes et luisantes ou envahit l'intérieur des puits, comme à Pierrefitte, etc.; les murs solitaires, assez vieux et humides, donnent asile aux *Asplenium trichomanes*, au pétiole luisant, aux gracieuses folioles, *A. Ruta muraria*, rustique espèce qui vient encore récréer la vue au milieu des gelées, *Adianthum nigrum*, au feuillage d'un beau vert. Par exception le *Polypodium calcareum* étale ses frondes aux aqueducs et bassin du vieux château du Plessis-sur-Autheuil; le *Cystopteris fragilis* se voyait autrefois sur les murs de l'église de Cuvergnon et de Bargny, et sur les murs du château de Pouilly.

L'*Acropteris septentrionalis*, rare espèce, disjointe, s'est rencontrée, par hasard, aux rochers de grès du bois de Maurière. La flore pariétale a donc, aux yeux du botaniste, un intérêt tout particulier. Outre les espèces nombreuses et rares qu'il vient y recueillir, de nombreuses réflexions sur l'harmonie de la création lui sont suggérées par ce monde cryptogamique qui semble être spécial aux constructions de l'homme, dont les délicates espèces, se multipliant à l'infini, désagrègent les rochers, entassent individus sur individus pour créer cette terre végétale qui donnera naissance à des plantes supérieures par une gradation bien marquée qu'on ne saurait trop admirer. Les *Lichens crustacés* commencent l'œuvre de destruction qu'achèveront les *Lichens foliacés;* puis, sur leurs débris, apparaîtront les *Mousses* auxquelles succèderont les *Fougères*, et enfin les végétaux supérieurs. La mort des unes donnera la vie aux autres.

Admirons cette action puissante des végétaux inférieurs qui jouissent, pour augmenter encore ce pouvoir, du double privilége de se reproduire indéfiniment et de remplir promptement toutes les phases de leur évolution. Cette végétation rudérale a encore un autre enseignement pour le botaniste; ces vieilles ruines sont pour lui des archives qui lui retracent l'histoire du passé; bien des espèces cherchent un refuge dans ces murs qui ont disparu de la plaine ou de leurs stations par suite de diverses causes de destruction, comme le *Rumex scutatus*, vestiges d'anciennes cultures. Les constructions survivent aux individus et servent ainsi à conserver les espèces détruites à l'entour. Ne laissons donc passer aucune vieille ruine sans l'explorer, un vieux manoir sans le parcourir dans ses détails, une antique tour féodale sans interroger les murs de son enceinte. Ces visites aux ruines solitaires enrichissent presque toujours le botaniste et lui ménagent de charmantes surprises.

TÉRATOLOGIE.

On trouve dans les végétaux, comme dans les animaux, des anomalies ou monstruosités qui ne sont que des écarts du type primitif se produisant sous l'influence d'une cause modificatrice. La *Tératologie* est la partie de la science qui s'occupe de l'étude de ces monstruosités. Ces déviations du type normal ne sont souvent que le résultat de l'exagération de faits réguliers, et, sous ce rapport, l'étude de ces phénomènes anormaux peut jeter du jour sur des faits d'anatomie végétale incomplètement expliqués par la science. A ce point de vue, il n'est donc pas indifférent de jeter un coup d'œil sur les monstruosités reconnues dans l'Oise; en examinant quelles familles sont spécialement affectées de ces anomalies, quel genre de monstruosité semble s'attacher à telle ou telle espèce, le botaniste, s'aidant des faits connus de l'anatomie, pourra plus facilement arriver à connaître la cause modificatrice et en tirer des conséquences utiles pour l'horticulteur qui désire fixer ou faire naître les variations accidentelles intéressantes.

Une des monstruosités les plus communes est l'*Anamorphose* ou la métamorphose rétrograde de certains organes en d'autres plus essentiels, plus élémentaires; elle affecte tantôt les pièces de la corolle, tantôt les étamines, tantôt les bractées, qui prennent dans ce cas la forme, la consistance et la couleur des feuilles proprement dites de végétation. Un des cas les plus ordinaires de l'anamorphose est la *Virescence*, où les sépales et les pétales, et souvent même les étamines et les carpelles (dans la *Chloranthie*, par exemple), retournent à l'état *vert*, état normal des feuilles de la végétation. Nous avons rencontré les phénomènes de virescence surtout dans les plantes suivantes : *Anemone nemorosa*, dont les sépales seulement se changent en feuilles au bois de Liancourt; *Anemone pulsatilla*, dont les folioles de l'involucre deviennent sépaloïdes au mont de Hermes; *Nigella arvensis*, à Lavcrsines; *Silene inflata*, à Saint-Paul; *Cerastium brachypetalum*, au Béquet; *Trifolium repens*, dont les pétales reprennent même la forme des feuilles trifoliolées, Nivillers, Beauvais, assez commun; *Trifolium arvense; Primula elatior; Sambucus nigra; Hypochœris radicata*, Bongenoult, Villers-

Saint-Lucien ; *Verbascum lychnitis*, Saint-Paul, Auneuil ; dans cette espèce les carpelles reprennent souvent la consistance foliacée ; *Veronica arvensis ; Euphorbia sylvatica*, forêt du Parc ; *Torilis anthriscus*, à Beauvais, Liancourt ; *Geum rivale*, prés à Saint-Jean ; *Rubus cæsius*, bois de l'Italienne ; *Carum carvi*, rencontré par M. de La Fons sur la montagne de Tarlefesse, l'involucre et l'involucelle se composaient de folioles semblables aux radicales ; nous avons surtout remarqué l'anamorphose dans le *Nigella arvensis* qui, dans les champs bien fumés, voit souvent ses nectaires transformés en folioles du cycle calicinal ; dans le *Polygonatum multiflorum*, bois de Mouchy, dont les bractées se transforment en petites feuilles. Il nous a semblé, d'après nos observations, que ces phénomènes de virescence étaient plus fréquents dans les années pluvieuses, spécialement dans le *Mentha rotundifolia*, le long du rû de Calets, dont les folioles calicinales se transforment exceptionnellement en feuilles crépues. Il en est de même du *Valerianella olitoria*.

La *Chloranthie*, ou virescence de tous les organes floraux, montre parfaitement que tous les cycles périanthiques ne sont en définitive composés que de feuilles métamorphosées ; nous l'avons surtout observée complète dans le *Trifolium repens*, à Beauvais même ; dans le *Brassica napus*, au pré Martinet ; dans les *Valerianella olitoria* et *auricula*, et dans le *Geum rivale*.

Les faits d'*Antholyse* ou de transformation florale complète sont moins fréquents ; on les reconnait dans les parcs et les jardins affectant l'inflorescence des *Viburnum opulus sterilis*, dont les fleurs neutres deviennent globuleuses. Nous en avons observé un cas affectant le *Geum rivale*, des prés de Saint-Jean, où les stipules collatérales s'étaient désunies et montraient ainsi l'origine du cycle calicinal ; un autre exemple se rencontre assez fréquemment dans le *Rubus fruticosus*, où les carpelles sont métamorphosées en nucules, spécialement dans les bois humides.

La *Prolification* est un phénomène tératologique qui consiste dans le développement anormal de bourgeons à l'aisselle de feuilles qui n'en produisent pas d'habitude, comme des bractées, des sépales, des pétales.

La *Diaphyse* consiste dans l'élongation ou la prolongation à travers le calice de l'axe d'une fleur qui se termine en un nouveau bourgeon ; c'est une prolification *axile médiane* ou *centrale* ; la prolification que nous avons définie plus haut est une prolification *axillaire* ou *latérale*. Une troisième série de phénomènes a encore reçu le nom de prolification ; elle consiste en la transformation de fleurs en bourgeons foliacés, lorsque ces fleurs métamorphosées en bourgeons émettent des racines adventives et reproduisent la plante dès qu'elles touchent le sol.

L'expression *Vivipare* représente ces trois prolifications dans la plupart des ouvrages, et spécialement dans les flores. Nous avons trouvé de nombreux exemples de diaphyse, dans le *Cardamine pratensis*, à Saint-Just-les-Marais ; dans le *Ranunculus bulbosus*, à Villers-Saint-Lucien ; dans le *Geum rivale*, en beaucoup d'endroits ; dans le *Rosa arvensis*, à Crillon ; dans le *Rosa stylosa*, au Béquet ; dans le *Rosa rubiginosa*, à Senéfontaine ; dans le *Bellis perennis*, dans le *Daucus carotta*, à Saint-Lucien ; dans les *Juncus acutiflorus*, *lamprocarpus*, *obtusiflorus*, à La Chapelle-aux-Pots, à l'Italienne, à Ons-en-Bray ; dans le *Bromus secalinus*, plaine de Tillé ; M. Graves indique le *Seseli coloratum*, à fleurs diaphysées, à Morfontaine. Nous n'avons vu l'*Hypochœris radicata prolifera* qu'une seule fois à Saint-Jean ; le *Plantago lanceolata*, à Saint-Jean. La diaphyse centrale du capitule se rencontre assez fréquemment dans le *Knautia arvensis*, le *Scabiosa columbaria*, le *Rubus fruticosus*, le *Calendula officinalis*, le *Jasione montana*, le *Plantago major*, dans la variété *Minima*. Nous avons spécialement observé la diaphyse des graminées en de nombreuses stations, sur le *Poa bulbosa*, sur le *Phleum pratense* et le *Phleum nodosum*, sur le *Deschampsia cœspitosa*, à la forêt de Hez, à la forêt du Parc, au bois de Caumont, sur le *Molinia cœrulea*, à la forêt de Hez.

L'*Apostase* est l'éloignement de verticilles ordinairement très-rapprochés, comme les verticilles constitutifs de la fleur ; ce phénomène tératologique est assez rare et nous n'avons eu occasion de l'étudier que dans la famille des Labiées, sur un *Mentha aquatica*, un *Lycopus*, un *Stachys palustris*.

L'*Agglomération*, ou le rapprochement en une masse compacte des verticilles floraux, est un phénomène tératologique assez commun sur le *Stachys palustris ;* nous l'avons rencontré au moins une fois par an.

La *Fasciation* est une monstruosité par laquelle les tiges et les rameaux se déforment et s'aplatissent d'une manière anormale en un ruban. Cet aplatissement est une tendance à la séparation des parties constituantes; nous l'avons étudié sur le *Tulipa sylvestris*, sur le *Lysimachia vulgaris*, sur le *Dipsacus sylvestris*, sur le *Carlina vulgaris*, l'*Orchis maculata*.

M. Graves a observé ce phénomène sur le *Cichorium intybus* au bois de Plaisance, près Compiègne. Le *Dipsacus sylvestris*, objet de notre observation, nous présentait, en outre, le phénomène de la *torsion* de la tige dans toute la longueur. Une feuille de noyer nous a présenté par sa bifidité un exemple remarquable de fasciation de cet organe appendiculaire. La nervure moyenne s'était épanouie et bifurquée et chaque moitié de la feuille était l'image d'une feuille entière avec ses nervures et son parenchyme.

La *Partition* est la monstruosité par laquelle un même axe est divisé en plusieurs : différentes plantes nous ont offert ce phénomène, le *Lolium perenne*, le *Plantago lanceolata*, le *Veronica spicata*, l'*Orchis latifolia*, le *Tulipa sylvestris*, le *Veronica teucrium*, le *Carlina vulgaris*.

Les pétales du *Nigella arvensis*, du *Campanula trachelium*, de l'*Atropa belladona* nous ont montré le phénomène de la *Disjonction* ou défaut accidentel d'union des organes simples.

La *Duplication* ou addition de nouveaux verticilles à la corolle a pu être observée par nous à tous les degrés dans les plantes suivantes : *Cardamine pratensis*, *Saponaria officinalis*, *Lychnis sylvestris*, *Vinca minor* (cette dernière avec *disjonction* du premier cycle corollin), *Geum rivale* (monstruosité commune), *Ranunculus philonotis*, aux prairies bordant le bois d'Argyle, *Ficaria ranunculoides*, *Caltha palustris*, *Aquilegia vulgaris*, *Papaver rhœas*, *Polygonatum vulgare*, au Béquet, *Polygonatum multiflorum*, à Saint-Germain-la-Poterie. M. Graves indique le *Convallaria maialis*, dans cet état au bois du Hasoy. Les *Torilis helveticus*, *nodosus* présentent aussi assez souvent ce phénomène. Il se développe spécialement, suivant nos observations, quand la plante s'est développée dans un terrain plus fertile et plus humide que ne l'est d'habitude le sol de sa station favorite.

Nous avons remarqué la duplication dans son plus haut degré affectant surtout l'*Aquilegia vulgaris*, le *Delphinium consolida*, le *Rubus fruticosus*, le *Narcissus pseudo-narcissus*, le *Col-*

7

chicum autumnale, le *Cardamine pratensis*, le *Rubus cæsius*, le *Potentilla reptans*, l'*Epilobium parviflorum*.

L'inflorescence cymeuse serrée est surtout remarquable dans le genre *Rosa* où elle donne naissance aux variétés *Umbellatæ*, et dans la famille des Composées, où elle prend les noms d'*Umbellatæ* ou de *Polycephalæ*. Le plus souvent, dans cette dernière famille surtout, cet accident provient de la piqûre d'un insecte qui en amenant un flux, puis une stase de sève, détermine un état morbide favorable à la floraison; souvent aussi la plante, au lieu d'avoir été piquée, a été broutée par les bestiaux.

L'*Atrophie* ou *Avortement* est un arrêt partiel ou intégral de développement que nous avons vu affecter les espèces suivantes : le *Centaurea calcitrapa* poussant dans des fossés qui se trouvent tout-à-coup inondés; la feuillaison devient plus abondante au détriment du développement des pétales; l'*Anagallis phœnicea* que nous avons rencontré le long du rû de Calets à étamines avortées, à ovaire abortif, à pétales dédoublés; il croissait le long de la rive sur de la vase desséchée; le *Specularia hybrida* dont l'ovaire avorte dans les terrains pierreux du mont César; l'*Erica tetralix* à étamines avortées; le *Thymus acinos* qui voit souvent ses étamines avorter; le *Viola odorata* dont les pétales avortent fréquemment; le *Stellaria media* dont la corolle avorte quand elle s'épanouit sur les murs où elle trouve peu de nourriture; le *Cerastium semi-decandrum* à ovaire abortif sur les murs; le *Senecio jacobœus* se développant sur les tas de cailloux le long des routes; le *Convallaria maialis* dont l'ovaire avorte dans les années pluvieuses; les *Typha* dont un côté des épis femelles ne se développe souvent pas quand la vase des fossés se dessèche; le *Digitalis purpurea*, etc. L'atrophie affectant d'une manière générale tous les organes d'une plante, par défaut d'humidité ou de nourriture, donne naissance aux variétés *Monocephalæ* des Composées, aux variétés *naines* ou *pauperculæ* des genres des autres familles; c'est ainsi que dans le *Centaurea nigra*, l'*Hieracium auricula* et une foule d'autres on trouve les rudiments d'un ou de plusieurs capitules avortés.

L'*Hypertrophie* ou excès de développement partiel ou intégral des organes d'une plante se rencontre assez souvent; c'est une monstruosité qui se produit presque toujours sous l'influence d'un excès de nourriture, dans les prés gras, dans les moissons bien fumées, sur des décombres provenant de terres de jardins; c'est là que prennent naissance les variétés *luxuriantes*, les variétés feuillues ou *polyphylles*, les variétés gigantesques, doubles, pleines, polypétales.

Les oxydes de fer et les marnes gypseuses que l'on rencontre souvent dans notre département activent la végétation, la surexcitent et produisent souvent le *Chromisme* ou excès de coloration dans les *Anemone nemorosa* ou *pulsatilla*, le *Vinca minor*, l'*Erica cinerea*, l'*Achillea millefolium*, le *Symphytum officinale*, l'*Anthyllis vulneraria*, le *Galeopsis tetrahit*, etc.

Le défaut de coloration ou *Albinisme* influe tantôt sur les parties vertes qui blanchissent en *s'étiolant* ou sur les parties colorées pétaloïdes dont la coloration va en se dégradant. Cette altération de la partie colorante se produit spécialement dans les forêts sombres où les rayons du soleil ne pénètrent pas, dans les moissons quand les chaumes prennent des proportions gigantesques, le long des murs, dans les fossés couverts : nous avons observé cet état morphologique dans ces conditions sur le *Centaurea cyanus*, l'*Epipactis latifolia*, l'*Endymion nutans*, les *Orchis* en général, le *Borrago officinalis*, le *Cichorium intybus*, le *Galeopsis ladanum*, etc.

L'albinisme n'affectant que quelques parties d'un même organe donne lieu aux stries et aux panachures; c'est là l'origine des variétés intéressantes qu'on appelle *Variegatæ* et dont l'horticulture a su tirer un si bon parti. Les plantes suivantes nous en ont offert de beaux exemples :

Le *Glechoma hederacea* déjà observé par M. Graves, et que nous avons vu dans les bois de la Chapelle-aux-Pots; le *Papaver rhœas*, hors des cultures; l'*Orchis maculata*, au bois d'Achy; le *Centaurea cyanus*, moissons de blé barbu; l'*Anagallis phœnicea*, à Troissereux; le *Solanum dulcamara*, au bois de Belloy, etc.

Dans les genres *Rubus*, *Vinca*, *Scirpus* et *Veronica*, on rencontre assez souvent le phénomène de la *Radication*, c'est-à-dire que les tiges d'abord élevées, se recourbent vers la terre, et en touchant le sol, s'enracinent; alors de l'aisselle de la feuille involucrale, comme dans le *Scirpus lacustris*, sort une jeune pousse feuillée; l'état d'humidité dans lequel se trouve le sol influe beaucoup sur ce phénomène.

Le botaniste attentif reconnaît assez souvent d'autres états morbides des plantes, aussi fréquents que ceux que nous venons de citer, mais moins remarquables au premier abord; ils n'affectent parfois qu'une partie accessoire du végétal et ces variations accidentelles ne sont pas citées dans les flores. Les *Soudures* d'organes ne sont pas rares; ces anomalies se rencontrent tantôt sur des feuilles habituellement libres (*Symphyllie*), tantôt sur deux ou plusieurs fleurs, dans l'*Atropa belladona*, le *Rubus fruticosus*, etc. (*Synanthie*), souvent sur des fruits dont les carpelles deviennent cohérents (*Syncarpie*), sur des calathides (*Syncéphalie*); ici, c'est le *Reseda lutea*, dont la capsule subfoliacée s'atténue en une longue base étroite; là, les *Viola* dont les pétales se continuent plus ou moins en éperons avec des prolongements ou non des connectifs des étamines correspondantes; ailleurs, ce sont les étamines qui s'insèrent vers le haut ou vers le bas du tube de la corolle, comme dans le *Primula elatior*. Ces différents phénomènes ont leur importance, et chaque botaniste doit noter sérieusement les différents états morphologiques qu'il observe dans ses herborisations. L'ensemble de ces faits tératologiques peut jeter une vive lumière sur certaines particularités qui divisent encore les auteurs s'occupant d'anatomie végétale.

La *Pélorie* est une monstruosité par laquelle une fleur habituellement irrégulière et symétrique apparaît régulière. Ce phénomène tératologique s'observe spécialement sur le genre *Linaria;* quelquefois toutes les fleurs sont monstrueuses, d'autres fois on trouve sur le même pied des fleurs normales et des fleurs monstrueuses. Les fleurs monstrueuses donnent des graines stériles. Plusieurs botanistes ont trouvé le *Linaria vulgaris* pélorié; le calice était à cinq divisions courtes et égales, la corolle infundibuliforme à tube cylindrique aminci vers la base, qui se prolonge en cinq éperons pointus et réguliers creux dans leur intérieur et presque de la longueur du tube; le limbe de la corolle était ouvert à cinq divisions obtuses, égales. Cette monstruosité qui paraît être commune aux fleurs irrégulières n'a pas été souvent rencontrée par nous; nous ne l'avons vue que dans un champ de blé, après la moisson, à Balagny-sur-Thérain, en 1862; de nombreux échantillons du *Linaria spuria* présentaient ce phénomène; les uns étaient sans éperons (*Peloria anectaria*), les autres étaient à cinq éperons et à corolle régulièrement tubuleuse. Nous ne l'avons vue sur aucune autre Linaire. Nous avons trouvé un assez bel exemple de *Pélorie* sur le *Galeopsis tetrahit* dont la fleur terminale était hypocratériforme régulière à quatre lobes ouverts, à quatre étamines égales, dans un champ bien fumé de la plaine de Tillé; le *Pinguicula vulgaris* nous en a offert un autre exemple. Il arrive cependant que les fleurs pélo-riées de la Linaire ordinaire donnent des graines fertiles; le fait est rare, mais, quand il arrive, la plante se reproduit avec sa pélorie seulement dans les sols fertiles, mais dans les sols maigres elle retourne au type normal. Il semblerait, d'après cette remarque déjà faite par d'autres botanistes que par nous, que la monstruosité aurait besoin, dans ce cas, pour se développer, d'une surabondance de sucs. Les botanistes doivent spécialement rechercher cet état tératologique sur les Linaires, les *Antirrhinum*, les *Rhinanthus*, les *Galeopsis* et les Labiées en général.

L'étude de ces phénomènes morphologiques est bien digne de fixer l'attention du botaniste dans le cours de ses herborisations au point de vue de l'anatomie végétale ou des acquisitions nouvelles pour l'horticulture.

PLANTES HYBRIDES NATURELLES.

On appelle *Hybride* une plante qui provient d'une graine résultant de la fécondation d'une espèce par une autre espèce du même genre. L'horticulteur, prenant exemple sur ce qui se passe dans la nature, a fait naître dans les jardins de nouvelles plantes à l'aide de l'hybridation artificielle. Cette opération a ouvert une ère nouvelle au jardinier qui sait employer cette pratique avec intelligence. C'est pour lui une source précieuse de nouvelles acquisitions et une jouissance bien grande que de pouvoir modifier, pour ainsi dire, à son gré l'œuvre de Dieu, et de transformer les organes des plantes pour les adapter à ses besoins. Il n'entre pas dans notre cadre de parler des hybrides qui se forment journellement dans nos jardins, mais nous ne pouvons passer ici sous silence les hybrides qui se produisent naturellement; c'est un fait intéressant à étudier et qu'on a longtemps négligé. Des observations attentives font voir qu'ils se produisent plus souvent qu'on ne pense dans la nature; cette hybridation naturelle a dû nous enrichir dans la famille des Pomacées de nouvelles variétés précieuses. Ces faits naturels sont un enseignement utile pour le botaniste qui recherche dans l'hybride l'influence mâle ou femelle, qui voit à l'aspect et au port de la plante quelle a été la prédominance de l'une des deux espèces génitrices. S'appuyant des faits qu'il observe, il en conclut, par analogie, ce qu'il doit opérer dans son jardin pour son profit; il reconnaît quelles espèces se prêtent mieux à cette opération, quels organes se modifient spécialement sous l'influence du pollen ou de l'ovaire. Une étude consciencieuse des hybrides peut mettre le botaniste sur la voie de quelques espèces encore litigieuses. Il est donc intéressant de signaler les hybrides qui ont été reconnues dans l'Oise jusqu'à présent. Pour reconnaître par l'adjectif la nature de l'hybride, nous indiquerons par la première épithète l'espèce qui a fourni le pollen et par la deuxième celle qui a fourni l'ovaire.

Les hybrides donnent lieu à plusieurs remarques : 1° ils sont généralement plus vigoureux que leurs ascendants; 2° les hybrides provenant d'espèces annuelles ou bisannuelles sont généralement vivaces; 3° l'influence paternelle se fait particulièrement remarquer dans les organes de la floraison, dans la ramification, dans l'inflorescence; l'influence maternelle se manifeste, au contraire, dans les organes de la végétation, bas de la tige, la racine, le rhizome, le feuillage; 4° les hybrides ont une tendance à se produire dans certaines stations, à Mortefontaine, par exemple, et spécialement dans les stations recherchées par les insectes diptères et hyménoptères, ces puissants et incessants agents de l'hybridation.

Les hybrides reconnus jusqu'à ce jour dans notre département n'offrent rien de particulier quant aux familles : ce sont celles qui sont connues depuis longtemps comme se prêtant plus facilement à ce genre de fécondation. En voici l'énumération :

Drosera rotundifolio-longifolia. Mortefontaine, Neuvillebosc, Ermenonville.

Galium vero-mollugo.......... Trouvé par nous à Bongenoult, à Bailleu-sur-Thérain.

Galium approximatum......... Autre hybride trouvé par M. Questier, au cimetière de Cuvergnon.

Medicago falcato-sativa....... Nous la connaissons depuis plus de 45 ans à Goincourt, à Marissel, à Hermes.
Lychnis pratensi-sylvatica...... Bosquets à l'Italienne.
Lychnis sylvatico-pratensis...... Aunaies de Marissel.
Dipsacus sylvestri-laciniatus.... Prairies de Saint-Jean.
Carduus nutanti-crispus........ Beauvais, à Saint-Jean.
Carduus crispo-nutans......... Indiqué par M. Graves à Aulmont.
Cirsium palustri-oleraceum..... Canton de Betz, Chaumont, Sacy-le-Grand.
Cirsium acauli-oleraceum....... Mortefontaine, Fresnes-Lesguillon.
Centaurea jaceo-nigra.......... Arrondissement de Senlis spécialement.
Logfia gallico-uliginosa........ Beauvais. Allonne, Méru, Senlis.
Hieracium pilosello-auricula.... Le Béquet, indiqué par M. Questier à Villers-les-Potées.
Verbascum thapso-lychnitis..... Bois du Tillet (*Questier*), Goincourt.
Verbascum thapsiformi-lychnitis. Bois de Bourneville (*Questier*), Achy.
Verbascum nigro-lychnitis...... Au-dessus d'Auneuil.
Stachys palustri-sylvatica....... Plaine de Tillé du côté de Marissel, Saint-Lucien à la Miau-Roy.
Primula variabilis............. Rencontré récemment à la forêt de Halatte et à celle de Chantilly.
Salix viminali-triandra........ Pré Martinet à Beauvais, bords de l'Oise.
Salix cinereo-viminalis......... Rochy-Condé, Oudeuil, Breteuil, Sacy-le-Grand.
Salix purpureo-viminalis...... Vallées du Thérain et de l'Oise.
Populus albo-tremula.......... Mortefontaine.

Il existe probablement beaucoup d'autres hybrides que l'on trouvera spécialement dans les plantes vivant en société, comme les *Festuca*, les *Orchis*, les *Carex*, mais nous n'avons voulu citer, parmi les genres variant aisément, que les hybrides parfaitement constatés.

Nous avons laissé de côté les espèces fugaces sur lesquelles nos observations n'étaient pas assez complètes.

STATISTIQUE VÉGÉTALE.

La statistique végétale considère les espèces et les familles sous le rapport numérique et doit être, par conséquent, un facteur de la diversité de végétation dans un pays. Pour faire comprendre toute la portée des deux tableaux que nous insérons dans ce chapitre, nous devons prévenir les botanistes qu'ils renferment toutes les espèces indigènes, naturalisées ou hybrides, reconnues dans l'Oise jusqu'en 1863 et que nous avons consignées dans le Catalogue que nous devons publier. Ces tableaux ne sont pas purement spéculatifs : ils sont utiles au point de vue de la géographie botanique et peuvent nous éclairer sur le climat du pays. Douze familles peuvent être considérées comme prédominantes ; ce sont les plus riches en espèces ; à elles seules elles comprennent les deux tiers de la Flore totale. Les *Fougères*, si répandues dans les régions équatoriales, ne représentent chez nous que deux centièmes de la végétation totale. Les *Composées* sont la famille la plus nombreuse en espèces sous les degrés moyens de latitude (suivant M. de Candolle, *Géographie botanique*) ; elles augmentent vers le sud et diminuent vers le nord ; les *Liguliflores* préfèrent la zône tempérée de l'hémisphère boréal, les *Tubuliflores* choisissent les tropiques : dans notre tableau, cette famille est aussi la première. Les *Graminées* suivent généralement dans les pays tempérés cette proportion ; elles la conservent dans notre tableau ; cette famille croît en espèces en approchant du nord et en genres vers le midi. Les *Cypéracées*, rangées dans la Flore d'Alsace au troisième rang, n'occupent dans l'Oise que le quatrième ; cette famille diminue beaucoup plus elle approche des régions méridionales et sèches. Le genre *Cyperus*, abondant en espèces dans les pays tropicaux, n'est représenté chez nous que par trois espèces.

Les *Papilionacées* occupent le troisième rang dans toute la

France, en général : elles conservent chez nous cette proportionnalité. Les *Hédysarées*, les *Phaséolées*, les *Césalpiniées* croissent spécialement dans les pays équinoxiaux du globe. Ensuite arrivent par ordre et presque sur le même rang : les *Rosacées* (dont deux tribus, les *Pomacées* et les *Rosées*, habitent les pays situés en deçà de l'équateur ; deux autres tribus n'ont pas de représentants chez nous, les *Calycanthées*, de l'Amérique septentrionale, et les *Chrysobalanées*, de l'Amérique et de l'Afrique tropicales) ; les *Crucifères*, répandues dans toutes les régions tempérées de l'ancien monde et plus communes dans l'hémisphère boréal ; les *Ombellifères*, rares dans les cercles tropicaux ; les *Scrofularinées*, que l'on rencontre partout, mais rares aux tropiques ; les *Labiées*, qui semblent se confiner entre le 40° et le 50° latitude nord ; les *Cariophyllées*, famille cosmopolite, mais préférant les régions alpines ; les *Renonculacées*, rares dans l'Asie tempérée ; les *Orchidées*, qui abondent aux forêts humides de la zône tropicale, mais clair-semées chez nous.

Les *Renonculacées* offrent une aire de distribution très-large et présentent une fréquence d'individus assez remarquables pour qu'ils paraissent prédominer aux yeux de l'herborisateur. Les régions boréales sont riches en *Saxifragées;* quatre espèces à peine représentent cette famille dans l'Oise. Les *Liliacées*, nombreuses dans les régions sèches, comprennent dix-sept espèces seulement.

La plupart des familles pauvres en genres et en espèces appartiennent généralement aux pays tropicaux ; une remarque cependant est à noter : c'est que le plus souvent les familles qui n'ont qu'un ou deux genres, qu'une ou deux espèces se répandent presque partout, sont vulgarisées et compensent cette pauvreté générique et spécifique par la multiplicité d'individus ; les espèces sont presque toujours sociales et ont une aire très-diffuse. Telles sont les familles suivantes : Verbénacées, Vaccinées, Staticées, Ericinées, etc. En prenant une moyenne générale, on voit que chaque genre semble comporter entre trois à quatre espèces environ : quelques genres font exception d'une manière remarquable et semblent composer à eux seuls la famille à laquelle ils appartiennent ; par exemple : les genres *Carex*, *Potamogeton*, *Salix*, *Euphorbia*, *Polygonum*, *Hieracium*, *Trifolium*, *Ranunculus*, etc., très-nombreux en espèces.

Les familles prédominantes sont :

N° d'ordre.	FAMILLES.	ESPÈCES.	PROPORTION.
1	Composées	129	9.24
2	Graminées	112	8.02
3	Papilionacées	90	6.44
4	Cypéracées	73	5.22
5	Rosacées	70	5.01
6	Crucifères	60	4.29
7	Ombellifères	60	4.29
8	Scrofularinées	59	4.22
9	Labiées	57	4.08
10	Caryophyllées	55	3.93
11	Renonculacées	45	3.22
12	Orchidées	38	2.72
		848 plantes sur 1,396	

forment plus des deux tiers, ou 60.74 p. 0/0 de la végétation.

Le tableau récapitulatif de la végétation de l'Oise comprend 104 familles dont 5 appartiennent aux cryptogames vasculaires, 18 aux Monocotylées et 81 aux Dicotylées, ce qui forme un total de 99 pour les plantes Phanérogames. Les genres sont de 530 dont 17 appartiennent aux Cryptogames-vasculaires, le reste se répartit ainsi : 417 pour les Dicotylées, 96 pour les Monocotylées, total 513 pour les Phanérogames. Les espèces sont au nombre de 1,396 dont 40 sont relatives aux Cryptogames-vasculaires : 1,356 espèces forment la large part des Phanérogames, divisés ainsi : 1,058 pour les Dicotylées, 298 pour les Monocotylées.

On voit qu'en considérant le nombre des espèces 1,396 comme représentant 100, les Dicotylées sont marquées par le nombre 78,02, les Monocotylées par le nombre 21,97, et les Cryptogames-vasculaires ne comptent que dans la faible proportion de 2,86 pour cent, dont les Fougères seules forment 1,43 pour cent.

Le tableau des colorations pour les 1,396 espèces doit, dans la gamme des couleurs, embrasser celles qui sont bien caractérisées dans le règne végétal avec les nuances qui s'y rapportent : on obtient ainsi le résultat suivant :

312 espèces à coloration jaune :
274 à coloration blanche :
121 à coloration lilas-violet :

136 — à coloration rose et rouge;
90 — à coloration bleue;
43 à coloration brune;
65 à coloration verdâtre, herbacée, ou scarieuse;
362 - à périanthe nul ou pileux.

1,295; restent 101 espèces dont la coloration douteuse et peu tranchée n'a pu entrer dans ce cadre.

Il ressort de ces chiffres que le jaune et le blanc dominent chez les Polypétalées et les Composées; le bleu, le rose ou le lilas l'emportent au contraire chez les Monopétalées.

Dans le tableau de ces colorations, certaines familles influent davantage sur les chiffres relatés : les Composées donnent la prédominance au jaune, les Ombellifères au blanc, les Labiées au lilas-violet, les Caryophyllées au rose, les Scrofularinées au bleu. Ce sont ces colorations qui donnent à la végétation spéciale du pays un caractère tout particulier.

Tableau des époques de floraison.

CLASSES.	Mars-Mai.	Juin-Août.	Septembre Octobre.	TOTAUX.
Dicotylées.........	302	687	69	1,058
Monocotylées......	122	157	19	298
Totaux............	424	844	88	1,356

Les Monocotylées offrent proportionnellement le plus de plantes vernales; voilà ce qui ressort de ce tableau.

Tableau numérique des familles, des genres, des espèces des plantes vasculaires de l'Oise.

Nos d'ordre	Noms des familles.	Genres.	Espèces.	Nos d'ordre	Noms des familles.	Genres.	Espèces.	Nos d'ordre	Noms des familles.	Genres.	Espèces.	Nos d'ordre	Noms des familles.	Genres.	Espèces.
5	*Cryptogames -*			3	Quercacées	3	7	32	Lentibulariées	2	4	61	Cistinées	1	4
	vasculaires	17	40	4	Juglandées	1	1	33	Scrofularinées	13	59	62	Crucifères	26	60
1	Characées	2	9	5	Myricinées	1	1	34	Solanées	6	8	63	Fumariacées	2	10
2	Marsiléacées	1	1	6	Bétulinées	2	2	35	Borraginées	14	21	64	Papavéracées	4	8
3	Fougères	12	20	7	Salicinées	2	18	36	Convolvulacées	2	7	65	Nymphéacées	2	2
4	Lycopodiacées	1	4	8	Ulmacées	1	2	37	Gentianées	6	11	66	Résédacées	1	3
5	Equisétacées	1	6	9	Urticées	4	5	38	Apocynacées	3	4	67	Droséracées	2	4
18	*Monocotylées*	96	298	10	Euphorbiacées	3	17	39	Oléinées	4	4	68	Hypéricinées	3	9
1	Graminées	44	112	11	Aristolochiées	2	2	40	Ilicinées	1	1	69	Monotropées	1	1
2	Cypéracées	8	73	12	Sanguisorbées	2	3	41	Plantaginées	2	6	70	Vitacées	2	2
3	Joncées	2	17	13	Santalacées	1	2	42	Plumbaginées	1	1	71	Acérinées	1	2
4	Typhacées	2	5	14	Cératophyllées	2	10	43	Primulacées	5	12	72	Polygalées	1	5
5	Aroidées	2	2	15	Thyméléacées	2	3	44	Ericinées	3	5	73	Tiliacées	1	2
6	Lemnacées	1	4	16	Polygonées	2	25	45	Saxifragées	2	4	74	Malvacées	2	5
7	Naïadées	1	1	17	Salsolacées	5	15	46	Grossulariées	1	3	75	Géraniacées	2	13
8	Potamées	2	13	18	Amaranthacées	3	5	47	Loranthacées	1	1	76	Balsaminées	1	1
9	Triglochinées	1	1	19	Ambrosiacées	1	2	48	Hédéracées	2	3	77	Oxalidées	1	3
10	Hydrocharidées	1	1	20	Composées	53	129	49	Ombellifères	39	60	78	Linées	2	5
11	Orchidées	15	38	21	Dipsacées	2	6	50	Haloragées	2	3	79	Caryophyllées	22	55
12	Amaryllidées	2	3	22	Valérianées	3	9	51	Onagrariées	5	10	80	Berbéridées	1	1
13	Iridées	1	3	23	Rubiacées	4	18	52	Lythrariacées	2	3	81	Renonculacées	15	45
14	Dioscorées	1	1	24	Caprifoliacées	4	7	53	Rosacées	19	70				
15	Liliacées	8	17	25	Cucurbitacées	5	12	54	Crassulacées	4	12		RÉCAPITULATION.		
16	Colchicacées	1	1	26	Campanulacées	4	11	55	Paronychiées	3	5				
17	Butomées	1	1	27	Vacciniées	2	2	56	Portulacées	2	3	104	Vasculaires	330	1396
18	Alismacées	3	5	28	Globulariées	1	1	57	Papilionacées	26	90	99	Phanérogames	313	1356
81	*Dicotylées*	417	1058	29	Verbénacées	1	1	58	Rhamnées	2	2	81	Dicotylées	417	1058
1	Conifères	6	8	30	Labiées	23	57	59	Célastracées	2	2	18	Monocotylées	96	298
2	Taxacées	1	1	31	Orobanchées	3	14	60	Violariées	1	8	5	Cryp.-vasculaires	17	40

Tableau de la coloration du périanthe dans les plantes de l'Oise.

NOMS DES FAMILLES.	Jaune.	Blanc.	Lilas et violet.	Rose et rouge.	Bleu.	Brun.	Vert herbacé ou scarieux.	Périanthe nul ou pileux.
Cryptogames-vasculaires.....	»	»	»	»	»	»	»	40
Monocotylées	»	»	»	»	»	»	»	218
Hydrocharidées	»	1	»	»	»	»	»	»
Orchidées..................	12	9	5	8	»	»	14	»
Amaryllidées	1	2	»	»	»	»	»	»
Liliacées..................	2	6	»	1	8	»	»	»
Diverses Monocotylées.......	»	5	»	1	3	»	»	2
Diverses Dicotylées.........	»	»	»	»	»	2	8	98
Polygonées	»	3	»	6	»	»	16	»
Composées..................	84	9	27	»	7	2	»	»
Rubiacées	2	13	»	»	3	»	»	»
Campanulacées	1	»	2	»	8	»	»	»
Diverses Dicotylées...... ...	4	13	1	10	4	»	1	»
Labiées....................	4	»	32	»	8	»	12	»
Scrophularinées............	15	»	5	8	24	4	1	»
Borraginées...	»	4	2	1	14	»	»	»
Gentianées.................	4	»	»	3	4	»	»	»
Plantaginées...............	»	»	»	»	»	»	6	»
Primulacées	6	1	2	2	1	»	»	»
Diverses Dicotylées	12	14	3	15	3	1	»	2
Ombellifères	7	54	2	»	»	»	»	»
Diverses Dicotylées.........	6	5	3	17	»	»	»	»
Rosacées	11	40	5	9	»	»	5	»
Papilionacées..............	49	9	10	10	»	2	»	»
Violariées	2	1	5	»	»	»	»	»
Crucifères	29	21	10	»	»	»	»	»
Géraniacées................	»	»	»	12	»	1	»	»
Caryophyllées..............	»	36	2	15	»	»	2	»
Renonculacées..............	36	»	2	3	»	1	3	»
Diverses Dicotylées.........	24	7	3	15	3	»	7	4
Totaux.............	312	274	121	136	90	13	65	362

1,295 espèces.

Restent 104 espèces dont la coloration, douteuse et peu tranchée, n'a pu entrer dans ce cadre.

PLANTES NUISIBLES CULTIVÉES MALGRÉ LA VOLONTÉ DE L'HOMME.

Dans ce tableau de la végétation de l'Oise nous aurions pu passer en revue les plantes en les caractérisant par leurs grandes stations, bois, prairies, ruisseaux, champs, etc. Mais cette statistique, peu intéressante dans les détails, est connue dans son ensemble même de ceux qui commencent à herboriser. La physionomie de chaque station est familière aux herborisateurs de toutes les contrées, et notre département ne nous eût rien présenté de nouveau. Nous aurions fait entrer dans ce cadre toutes les plantes ubiquistes de ces stations; or, il arrive souvent que le botaniste rencontre de nombreuses exceptions à cet habitat des plantes, et les localités indiquées dans le catalogue seraient venues souvent confirmer ces existences exceptionnelles. D'ailleurs, dans la revue géologique que nous avons faite précédemment, les stations vraiment naturelles ont conservé leur importance et nous dispensent de faire cette statistique. Nous ferons cependant une exception à cette réserve en faveur des plantes *arvales*, généralement reconnues nuisibles aux moissons. Le nombre de ces plantes est important, car ce sont autant de plantes étrangères à la flore du département; elles sont adventives et n'ont aucun caractère de spontanéité, leur existence au milieu des moissons, dont elles ne s'écartent pas, semble indiquer qu'elles sont apportées en même temps que les graines qui sont confiées aux champs et que si la main de l'homme ne continuait à les propager elles finiraient par disparaître. Elles n'ont donc pas le moindre signe d'indigénat pour notre pays. Ce caractère ne pourrait leur être accordé que si on les rencontrait hors des cultures, dans des stations naturelles; mais ces plantes essentiellement arvales ne quittent jamais leurs stations artificielles. Faites disparaître l'action de l'homme et bien peu d'entre ces espèces continueront à végéter. Leur statistique fournit donc une donnée utile au point de vue de l'étude de la végétation spontanée, en même temps qu'elle indique l'état de l'agriculture dans un pays.

Plus l'agriculture sera l'objet de soins nombreux, plus les sarclages seront fréquents, plus on mettra d'intelligence dans l'alternance des assolements. plus les façons seront réitérées, moins le botaniste rencontrera de plantes arvales. Leur existence est intimement liée aux progrès de l'agriculture. Quelques-unes parmi ces espèces cultivées malgré l'homme résistent à tous les efforts que l'agriculteur fait pour les extirper ; elles persistent en dépit de sa volonté et finissent par revêtir un air naturel de spontanéité. Ce sont presque toujours des espèces à propagation facile, soit à l'aide de graines aigrettées, soit à l'aide de nombreux tubercules qui s'enfoncent assez en terre pour défier le soc de la charrue; d'autres, par leur époque de floraison ne coïncidant pas avec celle de la moisson, répandent leurs graines sur le sol avant que l'homme ait pu aviser aux moyens de les détruire. Cette pseudo-spontanéité se reconnaîtra aisément à la station de la plante; si le botaniste ne la rencontre que dans les champs où l'homme la déteste, ou si la lisière des chemins qui borde ces champs devient pour la plante une barrière presque infranchissable, elle sera toujours pour lui une étrangère qui se maintient dans les lieux qu'elle a envahis parce qu'on ne peut l'en chasser, et qui n'ose demander à d'autres stations une hospitalité que lui rendraient mortelle les conditions climatériques.

La constatation des plantes arvales dans un pays est donc utile : c'est presque un recensement des espèces étrangères débarquées dans un pays lointain où elles viennent établir une colonie; à l'aide de ces tableaux de statistique, il sera possible au botaniste géographe de reconnaître la mère-patrie de ces plantes. Partout où il les rencontrera dans une station différente et naturelle, il pourra présumer avec raison un indigénat presque certain. Intimement liées à la culture des plantes utiles à l'homme, elles seront en même temps des témoins authentiques des progrès successifs des cultures importées dans une région et pourront servir à fixer la date de ces importations.

Les botanistes ont tellement reconnu l'origine étrangère de ces espèces et leur habitat permanent dans ces stations artificielles, que presque toujours ils ont donné à ces plantes une épithète indiquant cette station transitoire, comme *Arvensis*, *Segetalis*, *Agrestis*. Les plantes ainsi spécifiées sont chez nous considérées comme nuisibles aux récoltes, et détestées des cultivateurs comme de mauvaises herbes : aussi ont-elles presque toutes un nom vulgaire qui indique ainsi que l'homme ne les a pas vues croître avec indifférence. Ces noms vulgaires sont comme un cachet qui sert à faire reconnaître ces étrangères qui lui sont nuisibles. La multiplicité des noms vulgaires pour une même espèce sera un indice certain du degré de nocuité de la plante. Nous avons déjà cité les plantes nuisibles aux vignobles; le botaniste doit se reporter à ce tableau, tout en consultant la liste suivante des espèces ubiquistes arvales de notre flore.

Quelques espèces sont spéciales aux champs d'avoines; ce sont : les *Ononis arvensis*, *Lolium arvense*, *Serratula arvensis*, *Triticum repens*, *Sinapis arvensis*, *Chrysanthemum segetum*, *Polygonum incanum*, *P. aviculare*, etc.

D'autres se multiplient avec rapidité dans les champs trop clair semés; ce sont : les *Veronica agrestis*, le *Papaver rhœas*, le *Rumex acetosella*, le *Melampyrum arvense*, le *Scandix pecten veneris*, les *Ranunculus bulbosus*, *repens et ficaria*, etc.

Les pluies abondantes dans certains étés favorisent l'évolution des espèces suivantes : les *Lathyrus aphaca et hirsutus*, les *Ervum tetraspermum et hirsutum*, l'*Agrostemma githago*, l'*Anthemis arvensis*, le *Daucus carotta*, les *Aira*, les *Raphanus Raphanistrum*, le *Melampyrum arvense*, etc.

Les prairies artificielles, luzernières et tréflières, sont caractérisées par des plantes *arvicoles* spéciales : telles sont les *Melilotus leucantha*, les *Medicago apiculata*, *denticulata*, *orbicularis*, *scutellata*, les *Ervum ervilia* et *Monanthos*, l'*Ammi majus*, le *Bupleurum rotundifolium*, le *Centaurea solstitialis*, le *Barkhausia setosa*, les *Cuscuta epithymum*, *Trifolii*, *medicaginis*, *corymbosa*, les *Orobanche cruenta*, *medicaginis*, les *Lolium italicum et arvense*, le *Bromus commutatus*, etc.

L'*Orobanche ramosa* et le *Blitum polymorphum* se rencontrent surtout dans les chenevières.

Les *Camelina sativa* et *dentata*, *Cuscuta epilinum*, *Lolium linicola* habitent spécialement les linières où elles sont importées avec les graines de lin de Sibérie.

Le *Saponaria vaccaria* affectionne les champs de lentilles.

Parmi les autres plantes arvicoles, les unes végètent en même temps que la moisson qui les abrite, les autres ne prospèrent que lorsque la moisson récoltée leur laisse l'air et le soleil nécessaires à leur évolution. Elles ne paraissent pas rechercher une moisson spéciale, mais un sol géologique particulier, comme nous l'avons dit en traitant de la géologie de notre région. On peut ranger les plantes arvales indifférentes à la nature de la moisson dans la liste suivante : les *Adonis citrina*, *flammea*, *æstivalis*, *flava*, le *Myosurus minimus*, le *Ranunculus acris* appelé vulgairement *Pipon*, *Bachinet*, *Grenouillette*, *Codron*, *Patte de loup*, *Herbe à la tache*, le *Ranunculus repens* ou *Pipon*, *Bassinet*, *Persu*, *Vuide-Grange*, *Piepou* ou *Pied de poule*, le *Ranunculus bulbosus*, surnommé *Rave de Saint-Antoine*, *Persault*, *Pied de coq* ou de *Corbin*, le *Delphinium consolida*, appelé dans tous les cantons *Pied d'alouette sauvage*, *Dauphinelle sauvage*, *Bec d'oiseau*, *Eperon de chevalier*, les *Papaver hybridum*, *argemone*, *dubium*, *rhœas*, ce dernier connu sous le nom de *Coquelicot*, *Coq*, *Panchet*, *Mahon*, *Paucet*, *Poinceau*, *Poissieau*, *Poissiet*, les *Fumaria officinalis*, *capreolata*, *micrantha*, le *Capsella bursa-pastoris*, appelé vulgairement *Bourse à pasteur* ou *à berger*, *Tabouret*, *Boursette*, l'*Iberis amara*, le *Neslia paniculata*, les *Sinapis nigra* et *alba*, le *Raphanus raphanistrum* ou *Ravenelle*, *Raveluche*, le *Gypsophila muralis*, le *Saponaria officinalis*, le *Lychnis githago*, connu sous le nom de *Nielle*, *Œillet de Dieu*, *Micancaille*, *Couronne des blés*, le *Spergula morisonii*, l'*Hypericum humifusum*, le *Vicia cracca*, redouté sous les noms de *Vesceron*, *Vacheron*, *Fausse Vesce*, *Cossette*, l'*Ervum hirsutum* ou *Petits* et *Gros Chérons*, *Vesceron*, *Gaze*, *Faux Lentillon*, le *Lathyrus aphaca*, appelé *Poigreau*, *Copois*, *Plat-Pois*, *Pois de serpent*, les *Herniaria glabra* et *hirsuta* ou *Turquette*, les *Scleranthus perennis* et *annuus*, le *Bunium bulbocastanum*, l'*Æthusa cynapium*, l'*Orlaya grandiflora*. le *Caucalis daucoides*, le *Turgenia latifolia*, les *Torilis anthriscus*, *infesta*, *nodosa*, le *Scandix pecten-veneris*, les *Galium tricorne*, *aparine*, *vaillantii*, les *Valerianella olitoria*, *auricula*, *hamata*, *coronata*, *vesicaria*, *carinata*, l'*Anthemis cotula*, le *Leucanthemum vulgare* ou *canesson*, le *Matricaria chamomilla*, le *Filago gallica*, le *Centaurea cyanus*, les *Lactuca perennis*. *scariola*, *saligna*, le *Chondrilla juncea*, les *Specularia speculum* et *hybrida*, *Miroir de Vénus* ou *Doucette*, les *Anagallis phœnicea* et *cœrulea*, l'*Heliotropium europæum*, les *Myosotis stricta* et *versicolor*, le *Linaria minor*, les *Veronica acinifolia*, *triphyllos*, *hederæfolia* ou *meuron*, le *Stachys annua*, les *Galeopsis ladanum* et *tetrahit*, le *Lamium amplexi-*

caule, *Pied de poule* ou *Ortie rouge*, le *Teucrium botrys*, les *Euphorbia exigua*, *peplus*, l'*Avena precatoria*, les *Bromus secalinus*, *racemosus*, *mollis*, les *Agrostis stolonifera*, *vulgaris*, *spica-venti*, *canina*, etc.

A cette catégorie vient se joindre la liste des plantes dont la station factice leur a fait donner les épithètes de *campestris*, *agrestis*, *arvensis*, *segetalis*. Ce sont les *Ranunculus arvensis* ou *Bassinet*, *Bassin*, *Pipon*, *Gannet*, *Eclairette*, *Nigella arvensis*, *Nielle* ou *Poivrette sauvage*, *Thlaspi arvense*, *Herbe aux écus*, *Tabouret des champs*, *Monnoyère*, *Lepidium campestre*, *Bourse de Judas*, *Sinapis arvensis*, surnommé *Raveluche*, *Ravelugue*, *Sauve*, *Sanve*, *Chinere*, *Senson*, *Fausse-Navette*, *Séné*, *Senevé*, *Viola arvensis*, *Arenaria segetalis*, *Cerastium arvense*, *Ononis arvensis*, *Melilotus arvensis*, *Trifolium arvense* ou *Pied de poule*, *Vicia segetalis* ou *Vescheron*, *Aphanes arvensis*, connu sous le nom de *Perce pierre*, *Petit pied de lion*, *Sherardia arvensis*, *Asperula arvensis*, *Scabiosa arvensis* ou *Oreille de lièvre*, *Herbe aux sabotiers*, *Anthemis arvensis*, appelé vulgairement *Cahé*, *Canesson*, *Kenson*, *Lacryma-Christi*, *Caillée*, *Caillière*, *Caveson*, *Serratula arvensis*, *Chrysanthemum segetum* ou *Jaunet* ou *Gannet*, *Artemisia campestris* ou *Herbe de Saint-Jean*, *Filago arvensis*, *Calendula arvensis*, *Cirsium arvense*, *Sonchus arvensis* ou *Pourquignar*, *Convolvulus arvensis*, appelé vulgairement *Liseron*, *Clochette*, *Petit Liset* ou *Liseret*, *Campanelle*, *Lycopsis arvensis* ou *Grippe des champs*, *Lithospermum arvense*, *Linaria arvensis* (T. R.), *Veronica agrestis* ou *Meuron gras*, *Melampyrum arvense*, détesté de tous les cultivateurs qui le connaissent sous le nom de *Rougeole*, *Rougette*, *Blé noir*, *Queue de renard*, la *Rouge herbe*, *Queue de loup*, *Mentha arvensis*, *Stachys arvensis*, *Gagea arvensis*, *Alopecurus agrestis*, *Bromus arvensis*, *Lolium arvense* (R.), *Equisetum arvense*.

Pour terminer cette longue énumération des plantes qui croissent en dépit de la volonté de l'homme, et qu'il considère comme nuisibles, nous pourrions citer les espèces palustres nuisibles qui infestent nos prairies, comme les *Ranunculus lingua*, *flammula*; mais nous avons cru devoir les omettre dans cette liste, parce que les prairies naturelles ne peuvent pas être considérées comme des stations artificielles. La main de l'homme ne les modifie que rarement, et les plantes qui croissent dans ces stations ont un caractère d'indigénat que l'on ne peut guère suspecter, tandis que les neuf dixièmes de celles que nous avons citées dans les moissons ne sont nullement spontanées. Introduites avec les cultures, elles disparaîtraient si les cultures disparaissaient, si le sol restait en friche et abandonné à lui-même.

DIFFUSION RELATIVE DE QUELQUES ESPÈCES.

La diffusion relative de certaines espèces présente souvent des différences notables. Les familles qui ne sont représentées que par très-peu de genres offrent généralement des plantes sociales dont les individus spécifiques prennent un grand développement numérique. C'est ainsi que le *Berberis vulgaris*, le *Calluna vulgaris*, le *Verbena officinalis*, les *Nymphæa*, le *Bryonia dioica*, l'*Hedera helix*, les *Cornus*, les *Vaccinium*, le *Globularia*, le *Statice armeria*, le *Colchicum*, etc., appartenant à des familles pauvres en genres, sont fréquents aux endroits où ils se montrent, et semblent compenser le peu de représentants génériques de la famille par le nombre de leurs individus. D'ailleurs, le sol, considéré géologiquement, le climat, au point de vue du degré d'humidité ou de sécheresse, influent considérablement sur la végétation du pays. Il ne faut pas oublier non plus que l'origine de toutes nos espèces végétales remonte à des dates géologiques différentes et successives. Sous ce rapport, la végétation de notre pays n'a pu être uniforme ; elle a dû se modifier suivant l'ordre de la formation successive de ses couches géologiques. C'est ainsi que le soulèvement du Bray a dû amener dans notre pays un centre de distribution spéciale pour les plantes. Nous ne devons donc pas nous étonner de voir la fréquence ou la rareté de certaines espèces dans ce sol tout spécial et d'un âge différent de celui des couches environnantes. Dans nos nombreuses herborisations dans la vallée de Bray, nous avons remarqué l'absence totale des espèces suivantes : *Aconitum napellus*, *Anemone pulsatilla*, *Anemone sylvestris*, *Anemone ranunculoides*, *Lathyrus hirsutus*, *Enothera biennis*, *Bupleurum rotundifolium*, *Lappa tomentosa*, *Helianthemum guttatum*, *Helianthemum fumana*, *Chlora perfoliata*, *Lithospermum purpureo-cæruleum*, *Geranium sanguineum*, *Odontites lutea*, *Lychnis viscaria*,

Cardamine impatiens, *Cardamine hirsuta*, *Statice armeria*, *Tetragonolobus siliquosus*, *Vicia lathyroides*, *Agrimonia odorata*, *Ammi majus*, *Turgenia latifolia*, *Artemisia campestris*, *Centunculus minimus*, *Libanotis montana*, *Herniaria glabra*, *Polygonum dumetorum*, *Thesium humifusum*, *Scirpus maritimus*, *Andropogon ischæmum*. De nombreuses espèces sont pour ainsi dire spéciales au Bray, ou du moins elles y occupent une aire beaucoup plus étendue que dans les autres régions du département; souvent même elles manquent dans certains cantons. Le Haut-Bray et la vallée du Bray offrent aux herborisateurs spécialement les espèces suivantes : *Euphorbia sylvatica*, variété *ligulata*, *Ulex nanus*, *Galium saxatile*, *Carex vesicaria*, *Heleocharis multicaulis*, *Juncus supinus*, *Betula pubescens*, *Geum rivale*, variété *minus*, *Polygonum bistorta*, *Erica tetralix*, *Ormenis mixta*, *Cicuta virosa* (il y a 15 ans), *Montia fontana*, *Comarum palustre*, *Orobus tuberosus*, *Ornithopus perpusillus*, *Ilex aquifolium*, *Radiola millegrana*, *Arenaria rubra*, *Drosera rotundifolia*, *Teesdalia nudicaulis*, *Ranunculus flammula* et *hederaceus*, *Dipsacus pilosus*, *Hypochœris maculata*, *Arnoseris pusilla*, *Linosyris vulgaris* (devient de plus en plus rare), *Polygala depressa*, *Nardus stricta*, *Pedicularis sylvatica*, *Juncus squarrosus*, *Ruscus aculeatus*, etc.

Les espèces suivantes sont localisées dans le département; elles occupent une aire restreinte, tout en présentant un assez grand nombre d'individus dans les stations qui leur conviennent. Telles sont les *Aira*, les *Polygonum dumetorum* et *bistorta*, *Evonymus europœus*, *Trifolium fragiferum*, *Anthericum liliago*, *Chœrophyllum temulentum*, *Sambucus ebulus*, *Sherardia arvensis*, *Dentaria bulbifera*, *Lychnis dioica*, *Chondrilla juncea*, *Ormenis mixta*, *Actœa spicata*, *Corydalis solida*, *Inula dysenterica* et *salicina*, *Galium anglicum*, *Anthriscus vulgaris*, *Saxifraga granulata*, les deux *Chrysosplenium*, les *Ophrys aranifera*, *myodes*, *apifera*, les *Orchis viridis*, *ustulata*, le *Gymnademia odoratissima*, l'*Herminium monorchis*, le *Spiranthes æstivalis*, les *Phyteuma orbiculare* et *spicatum*, le *Campanula glomerata*, *Holosteum umbellatum*, *Arabis hirsuta*, *Astragalus glycyphyllos*, *Melittis melissophyllum*, *Chœrophyllum sylvestre*, *Cirsium anglicum*, *Festuca gigantea*, *Nardus stricta*, *Orchis mascula*, *Aquilegia vulgaris*, *Typha latifolia*, *Genista pilosa*, etc. Toutes ces espèces semblent se cantonner dans leurs stations favorites.

Les espèces vraiment sociales et conquérantes qui envahissent d'immenses espaces, et donnent ainsi à la végétation un air d'uniformité désolante, sont spécialement les *Vaccinium myrtillus* et *vitis-idæa*, le *Solidago virga-aurea*, le *Fragaria vesca*, le *Calamagrostis epigeios*, le *Polygonum aviculare*, l'*Aira canescens*, le *Rubus discolor*, l'*Alyssum calycinum*, le *Saponaria officinalis*, l'*Hypericum hirsutum*, le *Sarothamnus scoparius*, l'*Erica tetralix*, l'*Erica cinerea*, le *Calluna vulgaris*, les *Genista pilosa* et *sagittalis*, le *Lycopodium clavatum*, l'*Antennaria dioica*, l'*Oxalis acetosella*, le *Thymus serpyllum*, l'*Helianthemum vulgare*, les *Sphagnum*, les *Polytrichum*, les *Dicranum*.

D'autres espèces vivent isolément et ne présentent jamais de nombreux individus associés; on n'en rencontre généralement que des individus épars. C'est ainsi que le botaniste trouve dans ses herborisations le *Hyoscyamus niger*, le *Datura stramonium*, l'*Echinospermum lappula*, le *Petroselinum segetum*, le *Kentrophyllum lanatum*, le *Borrago officinalis*, l'*Euphorbia lathyris*, l'*Hesperis matronalis*, le *Neslia paniculata*, le *Camelina sativa*, le *Saponaria vaccaria*, etc.

Quelques espèces sont évidemment pérégrinantes, comme le *Veronica buxbaumii*, l'*Ammi majus*, le *Peucedanum parisiense*, le *Centaurea solstitialis*, l'*Aceras anthropophora*, l'*Orchis mascula*, le *Gymnademia odoratissima*, le *Polygonum dumetorum*, le *Neslia paniculata*, l'*Œnothera biennis*, le *Geranium pyrenaicum*, le *Bupleurum rotundifolium*, le *Galium tricorne*, l'*Hieracium boreale*, le *Linaria arvensis*, le *Leerzia oryzoides*, le *Lolium italicum*, etc.

La famille des *Conifères*, si nombreuse dans les régions septentrionales, n'a chez nous qu'un seul représentant indigène, le *Juniperus communis*, si commun sur les friches calcaires exposées au nord. La végétation de l'Oise, intermédiaire à la Picardie proprement dite et au Parisis, a la plus grande affinité avec la végétation des environs de Paris, grâce à la continuité sur l'Oise des terrains tertiaires du bassin de Paris. Cependant, quelques espèces, les unes plantées comme l'*Iris pumila*, les autres importées avec les semences de gazon probablement, comme le *Gaudinia fragilis*, plusieurs, réellement indigènes, sont pour le botaniste comme un souvenir lointain de la végétation méridionale. Les espèces qui forment ainsi la transition de ces deux végétations sont clair semées; elles n'apparaissent toujours qu'en individus isolés et rares, et doivent attirer l'attention du botaniste géographe, qui se demande la raison de cette existence dans nos pays d'espèces appartenant à une région éloignée : ce sont les *Iris pumila*, le *Gymnadenia odoratissima*, le *Stellera passerina*, le *Thalictrum pauperculum*, le *Fumaria densiflora*, qui gagne chaque jour vers le nord, l'*Erodium moschatum*, le *Potentilla recta*, le *Thrincia hirta*, le *Tragus racemosus*, l'*Œgilops ovata*, l'*Allium scorodoprasum*, le *Linosyris vulgaris*, le *Cucubalus baccifer*, l'*Androsœmum officinale*, l'*Hypericum elodes*, l'*Ononis columnæ*, le *Phalangium liliago*, l'*Echinops sphœrocephalus*, le *Carex Mairii*, le *Phleum arenarium* des bords de l'Océan, le *Gaudinia fragilis*, le *Lathyrus nissolia*. Tant il est vrai, comme l'a dit le naturaliste philosophe, *natura non facit saltus;* tout se tient dans la nature, et les végétations extrêmes passent de l'une à l'autre par des degrés insensibles, et l'on retrouve partout quelque chaînon de cette grande chaîne qui relie dans tout l'univers les êtres végétaux. L'affinité de notre végétation avec la végétation des régions montagneuses alpines, subalpines ou vosgiennes est plus grande qu'avec la flore méditerranéenne. On peut attribuer ce fait à la présence du Bray dans notre pays, au relief tourmenté de cette région, en même temps qu'à la non continuité des températures sèches sous notre climat. Les espèces septentrionales sont spécialement chez nous les suivantes : *Anacamptis pyramidalis*, qui tend cependant à s'avancer vers le sud, l'*Orchis militaris*, qui se dirige vers le nord, l'*Acropteris septentrionalis*, les *Lycopodium clavatum*, *inundatum*, *complanatum*, *selago* (ce dernier a disparu), les *Cardamine impatiens* et *hirsuta*, le *Stellaria nemorum*, l'*Aconitum napellus*, les deux *Chrysosplenium*, les *Carex Davalliana*, *strigosa*, l'*Actæa spicata*, l'*Impatiens noli-tangere*, les *Geranium phœum* et *pyrenaicum*, les deux *Vaccinium*, le *Cineraria palustris*, le *Dentaria bulbifera*, l'*Eranthis hiemalis*, les *Rubus idæus* et *saxatilis*, le *Tormentilla reptans*, l'*Arnica montana*, le *Viola pumila*, le *Nephrodium oreopteris*, l'*Equisetum sylvaticum*, le *Digitalis purpurea*, le *Lychnis sylvatica*, l'*Alchemilla vulgaris*, le *Dipsacus pilosus*, l'*Hieracium boreale*, le *Nardus stricta*, les *Juncus tenageia* et *squarrosus*, l'*Orobus tuberosus*, l'*Arnoseris pusilla*, etc.

Les plantes de l'ouest, du nord-ouest ou du centre, forment la partie la moins considérable de nos espèces extra climatériques. Ce sont le *Corydalis lutea*, les *Viola montana* et *lancifolia*, le *Trifolium subterraneum*, le *Carex ligerica*.

Différents faits de végétation peuvent paraître anormaux; il suffit, pour les comprendre, de se reporter à la constitution géologique du pays. Le *Parnassia palustris*, commun au sommet de la grande falaise du Bray, entre Auneuil et Villotran, semble croître dans une station tout à fait anormale. Sa présence dans cet habitat exceptionnel a pour cause la couche argileuse, compacte et puissante, qui se trouve au commencement de la falaise et entretient une nappe d'eau souterraine. La présence des *Rumex*, indice certain d'une nappe d'eau souterraine, paraît anormale aux environs de Solente et de Guiscard, au sommet des collines; cette anomalie n'est qu'apparente, les collines reposent sur l'argile et confirment ainsi l'existence rationnelle de ces espèces. L'*Ulex europæus* aime les environs du littoral et ne vient que difficilement dans les contrées éloignées de l'Océan. Les hivers rigoureux le font périr; mais si l'on examine les stations où croît l'*Ulex*, on reconnaîtra facilement qu'elles sont artificielles, toujours sur le bord des routes, sur la lisière des chemins, des champs et des bois. On le trouve, d'ailleurs, difficilement dans les forêts. Partout cette espèce paraît avoir été plantée et n'a aucun caractère d'indigénat. Le *Pleum arenarium*, que nous rencontrons sur les sables de l'étage moyen, est une espèce commune sur le littoral de l'Océan et de la Méditerranée. C'est une espèce que l'homme n'a pu chercher à introduire; si l'on pouvait supposer cette introduction, l'homme aurait eu alors pour but soit de fixer les sables mobiles et de disposer les sols arides à la fertilité, soit de la propager comme plante fourragère. Mais alors la plante n'offrirait pas aux herborisateurs des échantillons aussi rares. La rareté même exclut toute idée d'introduction; d'ailleurs, cette plante n'est pas propre à la culture; elle peut à peine être broutée : sa raideur, sa dureté la font repousser des bestiaux. Elle ne rentre pas dans la catégorie des plantes que le vent et les courants des rivières aient pu transporter. C'est pour nous une espèce disjointe, dont la présence ne peut s'expliquer dans l'état actuel des choses. Il faudrait peut-être, pour en trouver l'explication, remonter à un temps reculé. M. Graves a relevé dans son *Catalogue* l'anomalie géographique de la présence du *Carex arenaria* dans les terrains sableux de la forêt de Compiègne et de l'arrondissement de Senlis, alors que cette espèce n'existe pas dans les sables qui se trouvent dans les autres parties du département, alors qu'elle manque dans les départements de l'Eure et de la Seine-Inférieure, et qu'elle se trouve chez nous à des niveaux géologiques très-distincts, dans la forêt de Compiègne, sur les sables glauconieux inférieurs, et dans l'arrondissement de Senlis sur les sables de l'étage moyen. M. Graves se demandait si ce *Carex*, « dont les racines » rampantes ont la faculté de donner quelque consistance aux » terrains trop meubles, avait été semé à une époque dont il ne » reste aucun souvenir. » Cette supposition du savant auteur nous paraît vraisemblable. Si cette hypothèse n'était pas la vraie, on serait tenté de remonter à la distribution primitive des espèces et de supposer qu'à l'origine divers centres de végétation ont été créés sur la surface terrestre.

INFLUENCE CHIMIQUE DES TERRAINS SUR LA COLORATION.

La plupart des chimistes et des botanistes ont nié l'influence des terrains sur l'évolution et sur la coloration des plantes. Nous n'avons cependant pas l'intention d'aller à l'encontre de ces autorités de la science. Nous citerons seulement des faits résultant de nos observations et de celles des botanistes de l'Oise, et, sans essayer d'établir sur ces faits une théorie rigoureuse dans ses principes et dans ses conséquences, nous espérons que de ces nombreuses observations des conséquences naturelles se déduiront, qui parleront en faveur de l'état chimique des éléments constitutifs du sol. Tous les auteurs, néanmoins, sont d'accord, en général, sur l'influence des milieux où vivent les végétaux par rapport à leur taille, à leur *facies*, à leur vestiture, etc., et, malgré tout, ces auteurs nient l'influence de ces mêmes milieux sur la coloration. Nous savons bien qu'un des éléments les plus importants dans le phénomène de la coloration est la lumière solaire, que c'est sous l'action des rayons lumineux que les parties colorées revêtent leur coloration; mais il n'en est pas moins vrai que le régime nutritif auquel sont soumis les végétaux doit avoir une action marquée, et cette action doit être d'autant plus efficace que le sol fournira ces éléments de la nutrition à un degré de ténuité plus grand, et par conséquent qu'ils peuvent facilement se dissoudre. Pour nous, nous avons remarqué dans nos herborisations que la coloration blanche (parmi les variétés) était la plus fréquente dans notre département, et cette fréquence s'explique par la grande étendue qu'occupe la région crayeuse, en même temps que l'état de friabilité des éléments calcaires exposés à l'action de l'atmosphère permet à ces éléments d'être plus facilement entraînés dans le mouvement de la circulation de la sève. Voici sur quels faits nous pensons baser notre opinion.

Espèces dont nous avons trouvé les variétés à fleurs blanches, ou qui ont été indiquées par d'autres botanistes.

Aquilegia vulgaris et *Delphinium consolida*, à Bulles, sur la craie. — *Iberis amara*, à Tillé, craie blanche. — *Helianthemum vulgare*, à Catillon, sur la craie supérieure blanche. — *Viola odorata*, à Therdonne, sur la craie. — *Viola hirta*, à Haucourt, sur la craie. — *Polygala vulgaris* et *depressa*, à la garenne de Houssoye, sur la craie; à Beauvais. — *Lychnis flos cuculli*, cueilli à Marissel. — *Lychnis githago*, moissons crayeuses à Saint-Lucien, Verderel, Crevecœur. — *Erodium cicutarium*, à Rieux, sur la craie. — *Papaver rhœas*, moissons de Saint-Jean, craie. — *Anthyllis vulneraria*, sur la craie, à Troissereux, Juvignies. — *Ononis spinosa*, *repens*, Therdonne, craie pure. — *Medicago sativa*, Margny-lès-Compiègne, sur la craie jaunâtre noduleuse (Graves). — *Trifolium incarnatum*, Verderel, sur la craie. — *Vicia sativa*, Guignecourt, craie blanche. — *Vicia sepium*, à la garenne de la forêt du Parc. — *Epilobium roseum*. — *Epilobium montanum*, Troissereux, près Beauvais. — *Epilobium hirsutum*, bois du Longuet, près Bulles (Caron). — *Epilobium tetragonum*, Fontaine-Saint-Lucien, craie. — *Valeriana dioica*. *albiflora*, Saint-Just-lès-Marais. — *Eupatorium cannabinum*. — *Centaurea scabiosa* et *calcitrapa*. — *Carduus nutans*, Tillé, craie. — *Cirsium lanceolatum*, Bracheux, craie. — *Cirsium arvense*, Goincourt, craie. — *Lappa minor*, Campdeville, Marissel, Bracheux, Nivillers, craie.

— *Cirsium acaule*, Renicourt, craie blanche. — *Cichorium intybus*, Troissereux, Fontaine-Saint-Lucien, Guignecourt, sur la craie. — *Lactuca perennis*, pays de Thelle et plaine de Tillé. — *Scabiosa columbaria*, Oroër, sur la craie blanche. — *Campanula rapunculus*. — *Specularia speculum*, le Mont-Saint-Adrien, sur la craie blanche fossilifère. — *Calluna vulgaris*. — *Erica tetralix*, Goincourt. — *Anagallis phœnicea*, Troissereux, craie blanche fossilifère. — *Vinca minor*. — *Erythræa centaurium*, partout sur la craie. — *Echium album*, Saint-Jean, Senéfontaine, Bracheux, Esquennoy, craie. — *Digitalis purpurea*, à la forêt du Parc, craie. — *Veronica agrestis*, Remy, sur la craie. — *Odontites verna*. — *Borrago officinalis*, Notre-Dame-du-Thil, Velennes, pleine craie. — *Melampyrum arvense*, environs de Breteuil (Graves), Therdonne, craie. — *Mentha sylvestris*, Rieux, craie. — *Mentha aquatica*, Wagicourt, sur la craie blanche fossilifère. — *Mentha Pulegium*, le Plouy-Louvet. — *Stachys germanica*, le Quesnel-Aubry, craie blanche. — *Origanum vulgare*, butte Saint-Jean. — *Brunella vulgaris*, Beauvais, friches crayeuses; Lassigny, marnières; Lamorlaye, craie au sud de la Thève. — *Teucrium botrys*, La Mie-au-Roy, craie. — *Clinopodium vulgare*, à Pouilly (Caron). Le bois de Fabry contient des sables et des galets de la glauconie inférieure; une partie du territoire est sur la craie blanche fossilifère; nous ignorons auquel des deux éléments géologiques appartient cette variété. — *Betonica officinalis*, à Villers-Saint-Barthélemy, pentes de la falaise du Bray, sur la craie marneuse. — *Galeopsis ladanum*, Saint-Lucien, Tillé, moissons crayeuses. — *Galeopsis tetrahit*, mêmes stations. — *Ballota fœtida*, Fontaine-Saint-Lucien, craie. — *Ajuga reptans*. Senéfontaine, craie. — *Orchis morio*. — *Orchis mascula*, autour de Beauvais. — *Orchis purpurea*, garenne de Houssoye. — *Orchis maculata*, Crillon, craie. — *Orchis militaris*, forêt du Parc. — *Orchis simia*, garenne du Metz, près Beauvais. — *Gymnademia conopsea*, Omécourt. — *Scilla nutans*, forêt du Parc, falaise d'Auneuil, craie. — *Arum vulgare albo-venosum*, aunaies de Guignecourt, etc. — Les neuf dixièmes au moins de ces variétés viennent sur la craie, et nous avons toujours trouvé les racines s'étendant dans la craie même. Ce sont là des faits qui, quoi qu'on en dise, ont bien leur importance et parlent assez d'eux-mêmes. Sans doute, quelques-unes de ces variétés ont pu être trouvées ailleurs que dans des localités assises sur la craie, mais ce n'est pas là une preuve infirmant les faits précédents; elle indiquerait tout au plus que ces espèces ont une tendance spéciale à la coloration blanche; puis il faudrait examiner si les variétés *albiflores* signalées dans des stations étrangères à la craie ne proviennent pas d'une altération causée par la maladie que les tératologistes ont décrite sous le nom d'*Albinisme*. Il conviendrait encore de rechercher si dans le diluvium, où ces espèces albiflores peuvent croître, le terrain n'a pas été amendé par de la marne à un assez haut degré, surtout pour les espèces arvicoles; or, c'est ce qui arrive le plus souvent pour tous les sols manquant de l'élément crétacé. Enfin, la question des abris et celle de l'action plus ou moins directe des rayons du soleil seraient encore un des facteurs de ce grand problème qui intéresse la chimie botanique.

Les variétés *Pallescentes* ou *Pallidæ* croissent encore, suivant nos observations, dans les terrains où la craie se trouve pure ou mélangée. Par exemple : l'*Orchis latifolia*, dans la vallée de la Noye. — L'*Epipactis latifolia*, au coteau de la Trupinière, près Beauvais; au coteau de La Mie-au-Roy. — Le *Stachys alpina*, au bois de Crillon. — Le *Campanula glomerata*, à Verderel, à Senéfontaine. — Le *Primula elatior*, à Therdonne. — Remarquons en passant que ce sont des variétés appartenant à des espèces à coloration généralement stable.

La coloration *luteo-alba* peut être considérée comme intermédiaire et se retrouve dans les mêmes sols. Telle est l'espèce suivante qui nous a offert cette coloration : *Anthyllis vulneraria*, aux coteaux de Saint-Jean et à Houssoye, près Troissereux, Fretencourt, Doméliers, au bois de l'Abbaye, près Rotangy.

La coloration *albo-rosea* de l'*Orchis latifolia* a été trouvée par nous à Villers-sur-Bonnières, sur la craie. — Du *Scilla nutans*, forêt de Malmifait, sur la craie. — De l'*Orchis maculata*, à Saint-Paul, dans le vallon de Boyauval, sur la craie chloritée.

Les colorations *roses* ou *purpurines* sont bien moins nombreuses, et nous n'avons pu, par cette raison, multiplier nos recherches ni étendre nos observations. Toutefois, les plantes qui nous ont présenté cette coloration végétaient presque toutes dans les argiles ferrugineuses du Bray ou dans des sols analogues. Telles sont les espèces suivantes, où nous avons remarqué la coloration *rosea : Orchis latifolia*, à Ons-en-Bray. — *Orchis maculata*, bois de Marivaux. — *Aquilegia vulgaris*, à Armentières et à Lhéraule. — *Orchis morio*, bois d'Avelon. — *Cichorium intybus*, butte des Montoiles, les Landrons. — *Orchis maculata*, Saint-Germain-la-Poterie, etc.

La coloration *rubra* est assez fréquente dans les *Orchidées* dans toute la région des grès ferrugineux ou des argiles rouges, exemple : l'*Orchis morio*, à Sorcy, Buicourt; *Aquilegia vulgaris*, à Villembray; *Cardamine amara*, à La Chapelle-aux-Pots (T. R.). Notons en même temps que Linnée avait observé en Œlande, où le sol est une argile calcaire rouge que les fleurs de l'*Anthyllis vulneraria* avaient cette même teinte (*rubriflora*), parce que le sol aussi était de cette couleur. On pourrait, il est vrai, à ces faits opposer d'autres contradictoires, mais nous rappellerons qu'il ne faut pas négliger une donnée très-importante qui vient modifier cette influence chimique du sol, c'est celle de l'exposition plus ou moins directe aux rayons du soleil. Ne sait-on pas, en effet, que les plantes dépourvues de chlorophylle préfèrent les forêts touffues où les rayons du soleil ne peuvent pénétrer; que les plantes à coloration livide viennent toujours dans les lieux humides et abrités; que les plantes vénéneuses croissent rarement sur une colline sèche, etc.

Les considérations précédentes suffisent pour engager les botanistes à noter avec soin les faits de coloration différente du type qu'ils rencontreraient, en indiquant en même temps la nature du sol. De l'ensemble de ces faits résultera probablement la confirmation de ce que nous avons avancé plus haut.

En brûlant une plante, on obtient par cette incinération un produit quelconque appelé cendre. Or, il est constant que la même plante donne en général les mêmes produits, c'est-à-dire les mêmes cendres, et que les plantes différentes donnent des cendres différentes. Il faut nécessairement conclure de ce principe que les plantes qui ne sont pas douées de la faculté de locomotion ont besoin de puiser dans le sol les éléments utiles à leur organisation et qu'elles prospèrent d'autant mieux qu'elles rencontrent plus de circonstances favorables à l'assimilation de ces éléments indispensables à la vie de la plante. Nous trouvons dans ces faits, qu'il ne faut pas cependant adopter d'une manière exclusive, la raison de la richesse et de la variété de la végétation de notre flore locale. Cette richesse, en effet, dépend de la diversité des éléments inorganiques contenus dans le sol. C'est ainsi que la continuité sur l'Oise des terrains tertiaires du bassin de Paris composant des couches sableuses, donne à la Flore du département une certaine analogie avec la Flore parisienne, que la région crétacée si étendue chez nous donne à notre Flore une affinité assez grande avec celle de la Picardie et que le pays de Bray communique au pays l'apparence de la Flore vosgienne. Ajoutez à ces caractères généraux la diversité des stations, marais tourbeux, bruyères, etc., et vous obtiendrez une Flore riche en espèces. Cette influence du terrain se fait sentir partout : voyez les sols tourbeux ou marécageux qui consistent presque constamment en humus ou en débris organiques, les espèces qu'ils nourrissent sont peu nombreuses, elles appartiennent presque toutes à la grande famille des Joncées et des Cypéracées. Quand l'humus acide entre en moins grande proportion, comme dans les sols argileux, calcaires et siliceux, la végétation devient abondante et reste la même qu'elle était à la dernière révolution du globe, selon toute vraisemblance. On peut s'en assurer par les débris végétaux que l'on rencontre encore dans quelques forêts sous-marines. Si le sol est cultivé comme dans les jardins, la plante change de nature; on voit que la main de l'homme a passé par là (exemple : la carotte, le panais, etc.). C'est qu'en effet on a donné au sol de nouveaux éléments qui viennent évidemment modifier la plante à l'avantage de l'homme. De là, nous pouvons établir en phytostatique trois sols principaux pour les plantes :

1° Le sol naturel, non cultivé, qui fournit des espèces différentes, mais toutes invariables et constantes dans leur évolution;

2° Le sol marécageux, à végétation pauvre, à plantes souvent suspectes, au port raide, n'ayant souvent d'autre but, en général, que l'exhaussement et l'assèchement de la station;

3° Le sol factice, ou cultivé, ou sol des jardins, qui reçoit chaque jour de nouveaux éléments et est propre, par suite, à toutes les cultures. Il est facile de saisir la différence entre les deux derniers sols. Le sol marécageux se forme partout où des restes de végétaux se décomposent sous un excès d'eau, partout enfin où cette eau amène en quantité des sels qu'elle dissout, tandis que dans le sol factice ces sels restent, ne sont pas entraînés par l'eau et profitent immédiatement à la végétation : plus vous apporterez d'engrais, plus tôt vous arriverez à ce but : la matière organique se décompose, elle forme un terreau utile aux végétaux ; dans les tourbières, au contraire, cette décomposition est entravée et même arrêtée par l'excès d'eau. Nous disions plus haut que malgré tout il ne fallait pas adopter la théorie de l'influence chimique des éléments d'un terrain d'une manière exclusive, c'est qu'en effet les éléments organiques sont une donnée très-importante ; à leur défaut, les premiers seraient réduits à l'impuissance. C'est le mélange de ces éléments que la sève entraîne dans les vaisseaux des plantes : alors dans ces vaisseaux, comme dans un laboratoire, sous l'influence de la lumière, la vie agit pour séparer et combiner ces éléments au profit du végétal. Il est facile de se convaincre de la vérité de ces faits par la flore spéciale à chaque formation géologique : cette opinion, sans doute, a été combattue fortement, mais il faut remarquer que les végétaux pouvant, à la rigueur, poursuivre leur évolution partout où ils trouvent de la terre, de l'humidité, de l'air et un certain degré de chaleur, et ne pouvant aller eux-mêmes choisir les éléments de leur nutrition, nous devons trouver à chaque pas des exceptions apparentes à cette règle et qu'il suffit pour cela d'une graine apportée accidentellement et ayant trouvé des conditions favorables à sa germination. De ce qu'une plante végète dans tel ou tel terrain, est-ce une raison d'admettre qu'elle est caractéristique de ce terrain ? ou, si vous la rencontrez sur un autre sol, est-ce un motif de conclure que cette plante est indifférente au choix de la station ? L'espèce humaine, qui est l'espèce cosmopolite par excellence, ne souffre-t-elle pas dans telles ou telles conditions de climat ? ne préfère-t-elle pas telle région à telle autre ? Il en est de même des plantes : il faut d'abord examiner, quand on voit une plante croître dans deux sols différents, si elle préfère le premier au second, si dans un cas elle végète, est souffreteuse, ou si la végétation est plus luxuriante, et si elle prospère mieux dans l'un que dans l'autre ; si on remarque ensuite que le sol qui avait nourri la plante plus vigoureuse, la mieux conformée organiquement, est ordinairement la station habituelle de cette espèce, on est en droit de conclure qu'elle est caractéristique de ce terrain, que partout ailleurs elle souffre et semble être hors de ses conditions normales. C'est dans ce sens que nous donnons plus bas une liste de plantes caractéristiques de différents terrains ; nous entendons par là les terrains où les plantes végètent avec le plus de vigueur et se rapprochent davantage du type de la nature. Nous exceptons par suite les échantillons nains, les échantillons gigantesques, etc., ainsi que cette plèbe de plantes ubiquistes qui se plaisent partout, végètent en tous lieux, sous tous les climats, et semblent être le fond du premier tapis végétal.

Espèces psammophiles végétant dans les sols sablonneux et quartzeux, partout où se trouve l'élément arénacé.

Artemisia campestris. — *Euphorbia gerardiana* et *cyparissias.* *Centaurea scabiosa* et variétés. — *Galium verum.* — *Campanula rapunculus.* — *Arnoseris minima.* — *Statice armeria.* — *Hieracium* et *Crepis.* — *Alyssum calycinum.* — *Medicago minima.* — *Filago montana.* — *Phleum arenarium.* — *Corynephorus canescens.* — *Jasione montana.* — *Dianthus carthusianorum.* — *Ajuga chamæpitys.* — *Carex arenaria.* — *Betula alba.* — *Scleranthus perennis* et *annua.* — *Plantago arenaria.* — *Silene otites.* — *Linaria striata.* — *Asparagus officinalis.* — *Corrigiola littoralis.* — *Gypsophila muralis.* — *Melampyrum cristatum.* — *Linaria supina.* — *Arenaria rubra.* — *Polygonum pusillum.* — *Juncus supinus.* — *Juncus squarrosus.* — *Juncus fluitans.* — *Juncus tenageia.* — *Teesdalia nudicaulis.* — *Lycopodium inundatum.* — *Veronica triphyllos* et *verna.* — *Herniaria glabra* et *hirsuta* — *Spergula arvensis.* — *Silene gallica.* — *Sarothamnus scoparius.* — *Radiola millegrana.* — *Montia fontana*, etc.

Espèces calcaréophiles prospérant où l'élément calcaire domine.

Helleborus fœtidus. — *Papaver argemone, hybridum.* — *Reseda luteola.* — *Erigeron acre.* — *Cirsium acaule.* — *Gentiana germanica.* — *Bupleurum falcatum.* — *Linum tenuifolium.* — *Linum catharticum.* — *Cerastium viscosum.* — *Thymus acinos.* — *Medicago falcata.* — *Campanula glomerata.* — *Linaria arvensis* et *minor.* — *Helleborus viridis.* — *Buxus sempervirens.* — *Juniperus vulgaris.* — *Herminium monorchis.* — *Anemone pulsatilla.* —

Ranunculus nemorosus. — *Digitalis lutea.* — *Aquilegia vulgaris.* — *Hypericum hirsutum.* — *Hippocrepis.* — *Saxifraga granulata.* — *Orchis fusca.* — *Ophrys myodes* et *apifera.* — *Teucrium chamædrys* et *montanum.* — *Thesium humifusum.* — *Melica nutans.* — *Paris quadrifolia.* — *Convallaria.* — *Tamus.* — *Scilla bifolia.* — *Anthericum liliago.* — *Orchis pyramidalis*, *ustulata.* — Les *Adonis.* — *Veronica spicata.* — *Lithospermum officinale.* — *Phyteuma orbiculare.* — *Verbascum lychnitis.* — *Poa bulbosa* et *compressa.* — *Gentiana cruciata.* — *Anthyllis vulneraria.* — *Stachys germanica.* — *Libanotis montana.* — *Cistus helianthemum.* — *Astragalus glycyphyllos.* — *Coronilla varia.* — *Viburnum lantana.* — *Bunium bulbocastanum.* — *Iberis amara.* — *Lactuca perennis.* — *Caucalis*, etc. — *Ranunculus tripartitus.* — *Sesleria cœrulea.* — *Ononis repens.* — *Eryngium campestre.* — *Loroglossum hircinum.* — *Botrychium lunaria.* — *Sorbus aucuparia.* — *Aristolochia clematitis.* — *Lactuca saligna.* — *Fagus castanea.* — *Carpinus betulus.* — *Populus alba* et *tremula.* — En général les *Crucifères*, les *Papilionacées*, les *Ombellifères*, les *Orchidées.*

Espèces argileuses.

Tussilago farfara. — *Potentilla anserina*, *argentea*, *reptans.* — *Thalictrum flavum.* — *Carex*, *Juncus*, *variæ species.* — *Orobus tuberosus.* — *Lotus major.* — *Orchis coriophora.* — *Mentha aquatica.* — *Tussilago petasites*, — *Sambucus ebulus*, etc., etc.

Ces considérations, sur la différence de constitution géologique entraînant la différence de végétation, sont admises expérimentalement par les cultivateurs, qui ne se trompent guère à ce sujet, et reconnaissent la nature des terres, la plupart du temps, aux mauvaises herbes qu'ils aperçoivent croître spontanément et prédominer sur le sol.

Si, au lieu de considérer les espèces en elles-mêmes, prises isolément, nous étendons ces considérations aux variations d'une même espèce, nous sommes encore forcés de reconnaître l'influence des stations, des milieux où végètent les plantes, et de retrouver encore dans ce cas l'action des éléments du sol. Cette action, il est vrai, est un effet purement mécanique : tantôt c'est l'eau qui, en dissolvant les principes nutritifs, vient changer le régime de la plante ; tantôt c'est la sécheresse qui fixe ces principes et en prive le végétal. Quelle que soit cette action, on peut toujours en faire remonter la cause aux éléments constitutifs du sol, dissous ou non. Nous allons prendre quelques exemples qui serviront à développer ces réflexions et viendront à l'appui de notre opinion. Les cultivateurs, d'ailleurs, reconnaissent cette influence du terrain : l'expérience leur a appris que tel sol donnait au cidre un goût du crû, que la tourbe donnait aux légumes une saveur qui les fait reconnaître, etc.

Le sol est-il riche, ombragé, humide, les organes de la foliaison se développent davantage, les folioles s'élargissent, les laciniures ou découpures disparaissent en partie, le limbe se remplit, le parenchyme s'étale entre les nervures, la hauteur de la plante est plus grande, les tiges se ramifient, l'espèce est plus vigoureuse, plus luxuriante : l'influence d'un pareil sol a affecté d'une manière remarquable tous les organes de la foliaison. On obtient alors les variétés *umbrosæ*, *foliosæ*, *elatiores*, *altissimæ*, *sylvaticæ*, *nemorales*, *nemorosæ*, *dumetorum*, etc.

Le *Senecio jacobæa* a les feuilles plus larges à l'ombre des bois; le *Thalictrum minus* a les pétioles et les folioles plus larges, la tige plus haute dans la forêt de Compiègne qu'à la lisière de la forêt de Hez; le *Galeopsis ladanum* a la tige très-ramifiée, les feuilles larges, oblongues-elliptiques, les parties vertes glanduleuses quand il croît dans les parties boisées; l'*Anemone pulsatilla* a les feuilles beaucoup plus larges, lorsqu'au lieu d'ouvrir sa corolle sur les pentes sèches elle se trouve abritée; le *Malva moschata* a la tige élancée, la feuillaison plus abondante au milieu du bois; le *Valeriana officinalis* cueilli dans les bois se fait remarquer par sa riche foliaison souvent verticillée; le *Cardamine pratensis*, quittant le bord des ruisseaux, pour croître dans les bois humides, a les feuilles beaucoup plus grandes, les tiges plus élevées; l'*Agrimonia odorata* est de beaucoup plus vigoureux que l'*Agrimonia eupatorium*: le *Carex vulpina* qui a les squames-bractéales noires dans les marais, le long des chemins, les a scarieuses blanchâtres dans les lieux couverts; les bractées sont plus allongées; les Graminées-sylvestres ont généralement les feuilles radicales longues et filiformes; le *Carex leporina* voit sa coloration pâlir à l'ombre des forêts : il devient *Argyroglochin*, ayant les écailles des épillets blanchâtres à nervure verdâtre; le *Viola hirta* a une variété *macrophylla* dont les feuilles prennent un grand développement après la floraison dans les aunaies touffus et ombreux de Guignecourt, de Fontaine-Saint-Lucien.

Dans les jardins bien fumés la plante prospère avec vigueur : elle prend sous tous les rapports des proportions beaucoup plus grandes et donne souvent des échantillons gigantesques qui témoignent de la richesse du sol : nous en avons un exemple dans le *Geum rivale luxurians*, au jardin des Pauvres, *minus* ou chétif dans la vallée de Bray. Le sol des jardins nourrit toujours les espèces *gigantesques* et *luxuriantes*.

Sur un sol tourbeux, peu riche, à coloration noirâtre, cette coloration se fait sentir même dans les plantes qui y poussent, comme nous le voyons dans les *Galium* qui noircissent à l'herbier, dans le *Thalictrum flavum* des marais de Rue-Saint-Pierre : il noircit après avoir été cueilli et conserve à l'herbier cette coloration noirâtre. Le *Ranunculus philonotis* en est encore un exemple : sur la tourbe, ses feuilles s'épaississent, les divisions s'arrondissent, les fleurs deviennent plus grandes et la coloration de toute la plante reste jaunâtre à l'état vivant et noirâtre à l'état sec. Ces variétés ont été appelées *Nigricantes*.

Si le terrain est sujet à être inondé et exondé, la plante, sujette à ces alternatives au milieu de cette eau mobile qui vient la recouvrir tout à coup, a besoin de se fixer davantage, de chercher des points d'appui d'où l'eau ne puisse l'entraîner : des racines adventives se forment de ses nodosités, la plante s'allonge, elle trace, elle devient stolonifère : de là les variétés *reptantes*, *repentes*, *stoloniferæ*, *radicantes*. La vallée de Bray nous en offre dans certaines parties basses des exemples frappants : les *Ranunculus flammula* et *Lingua*, le *Scirpus sylvaticus*, le *Ranunculus aquatilis*, le *Cardamine pratensis*, le *Veronica anagallis*, etc.

Le sol, ordinairement humide, devient-il sec accidentellement, la sève, au lieu de donner une surabondance de sucs aux organes de la foliaison, les concentre dans sa racine, les emmagasine, pour ainsi dire, de manière à pouvoir subvenir aux besoins de la plante, et nous obtenons les variétés à racine *noueuse* : les *Phleum pratense* et *Alopecurus pratensis*.

Le sol est-il épuisé d'engrais, caillouteux, sec en même temps, la plante tout entière a un port maigre qui révèle la pauvreté des éléments constitutifs du sol : on voit qu'à travers ces cailloux elle a été entravée dans son évolution, que les racines gênées n'ont pu s'étendre faute de nourriture dans un sol privé d'humidité. Les variétés deviennent *paupercula*, *pauciflora*, *parviflora*, etc. La plupart des *Carex* nous en offrent des exemples. Cette sécheresse et cette aridité du sol influent spécialement, 1° sur le port général de la plante qui devient rabougrie; 2° sur les organes de la floraison qui tendent à devenir abortifs et à donner une floraison peu abondante; 3° sur la vestiture de la plante qui se hérisse de poils, devient velue, souvent glanduleuse. Il semble que dans la prévision de cette sécheresse la plante ait été revêtue d'organes accessoires propres à retenir l'humidité ambiante. Ainsi, le *Ranunculus bulbosus* est velu et rabougri, a la tige grêle et subuniflore aux friches de Rieux, de Tillé, de Fontaine-Saint-Lucien, de Lalandelle, etc.; le *Ranunculus philonotis*, abandonnant sa station généralement humide, revêt le même *facies* aux coteaux arides de Heilles, de Bury, des environs de Noyon, etc.; le *Trifolium micranthum* devient, à la butte Saint-Jean, aux sables du Béquet, grêle de tige, maigre dans ses capitules à deux ou quatre fleurs; le *Polygala vulgaris*, à la garenne de Houssoye, à la falaise d'Auneuil, a les tiges grêles, couchées, peu abondantes, les ailes rapetissées; le *Trifolium pratense*, a les feuilles plus petites, les capitules moins gros sur les collines sèches.

Le sol sableux, aride ou crayeux, sans terre végétale, exposé aux rayons du soleil, amène généralement les variétés petites de taille; ce sont des variétés naines : *varietates pumilæ*, *pusillæ*, *minores*, *nanæ*, *minimæ*, *serotinæ*, *exiguæ*. Ainsi, des exemples nombreux viennent à l'appui de cette remarque : le *Gentiana germanica*, aux friches de Tillé, de Rieux, de Saint-Lucien, du Mont-César, etc.; l'*Erythræa pusilla*, au mont de Hermes, le *Plantago major*, à la butte Saint-Jean; le *Campanula glomerata*, à la côte de Lalandelle, les *Centaurea jacea* et *nigra*, à Tillé; le *Bellis perennis*, à la butte Saint-Jean; à La Mie-au-Roy, le *Bupleurum falcatum*, à Saint-Jean.

La floraison est toujours moins abondante et paraît reculée: il semble que la sève n'ait pas circulé, les variétés deviennent *serotinæ*; exemple, l'*Ajuga genevensis*, à Nivillers, dont les tiges, dépassant peu la rosette des feuilles radicales, semblent avoir été arrêtées dans leur développement; les *Centaurea jacea* et *nigra*.

les *Euphorbia exigua* et *peplus* poussant dans les sables, secs et réchauffés par les rayons du soleil, des talus du chemin de fer, etc.; le *Pulicaria dysenterica*, bord des chemins à Goincourt, l'*Antennaria dioica*, le *Leontodon commune*, le *Jasione montana*, dans les sables secs de Warluis; le *Daucus carotta* voit de même ses fruits avorter presque toujours, sa coloration se foncer, la plupart des fleurs devenir purpurines; la tige de l'*Œthusa cynapium* s'abaisse, les mérithalles se rapprochent.

Si nous examinons l'influence du terrain sec, sablonneux, maigre et dénué d'éléments nutritifs, au point de vue de la vestiture de la plante, nous voyons celle-ci présenter des modifications sensibles : le *Medicago lupulina*, dans cette station aride, a les légumes hérissés de poils glanduleux; le *Rosa andegavensis* a les pédoncules et les tubes des calices hérissés de poils raides glanduleux; le *Rosa arvensis*, aux sables d'Allonne, a les feuilles pubescentes à la face inférieure; le *Rosa rubiginosa* devient *hirta* aux mamelons de Saint-Martin-le-Nœud; le *Galium Bocconi* a les tiges et les feuilles pubescentes rudes, à la butte d'Aumont; le *Camelina sativa* devient pubescent dans les moissons maigres; l'*Erodium cicutarium* est velu, hérissé, blanchâtre, la tige est glanduleuse; le *Lotus corniculatus* a les folioles ciliées, aux friches de Tillé; le *Torilis nodosa* est hérissé de poils à Notre-Dame-du-Thil; le *Calluna vulgaris* a les feuilles tomenteuses dans les lieux secs et découverts; il en est de même des *Rubus*; les involucres des *Lappa*, des *Hieracium*, des *Cirsium*, deviennent aranéeux dans les lieux secs, arides et exposés à la poussière des chemins; il en est de même des tiges du *Senecio Jacobæa*; les *Verbascum* et le *Plantago lanceolata* se recouvrent d'un *tomentum* épais dans les stations poudreuses; le *Calamintha acinos* devient laineux, blanchâtre au revers des coteaux exposés au soleil, etc. L'aridité du terrain augmentant, la villosité de la plante augmente, se bifurque, comme dans l'*Erophila vulgaris hirtella;* les variétés *inermes* deviennent plus abondantes au nord qu'au midi; chez nous le *Prunus insititia* est bien plus épineux que dans les contrées régulièrement plus chaudes; le *Leontodon hispidus* voit ses poils se bifurquer dans les sables secs de Noailles. C'est donc à la sécheresse et à la pauvreté des éléments nutritifs qu'il faut attribuer les variétés *pubescentes*, *pilosæ*, *villosæ*, *hirtæ*, *araneæ*, *tomentosæ*, *lanuginosæ*, *canes-*

centes, *divaricatæ*, communes dans les plantes rudérales.

Les sucs, moins dilués par l'eau, se concentrent dans des glandes et forment les plantes *aromatiques*. Transportez ces mêmes espèces dans un sol plus riche, la pubescence disparait peu à peu; nous voyons, par exemple, la variété *viridis* du *Mentha sylvestris* presque glabre par la culture; alors apparaissent les variétés *glabræ*, *subglabræ*, dues à une plus grande abondance de sucs nutritifs.

Les collines sèches, exposées aux vents desséchants, nous offraient les variétés naines; mais si ces collines ou les terrains arides sont couverts en outre d'une autre végétation qni intercepte l'air et le soleil, nous obtenons alors les plantes des moissons, au port maigre, aux tiges couchées et grêles, le *Trifolium arvense gracile* dans les sables secs, le *Lychnis githago* aux tiges de un décimètre à peine, le *Myosotis stricta* aux tiges imperceptibles, le *Veronica teucrium prostrata*, l'*Hypericum humifusum* au milieu des céréales. On voit que la moisson a été trop serrée, qu'elle a gêné la circulation de l'air et étouffé les espèces plus faibles; ce sont les variétés *humifusæ*, *segetales*, *agrestes*.

Quand le terrain sec, très pauvre, est caillouteux et élevé et, par suite, exposé à l'action des vents, la plante semble diminuer sa tige, elle se rapetisse, se rabougrit, pour ne laisser aucune prise au vent et n'être point déracinée : de là les variétés *acaules*. Le *Gentiana germanica*, le *Cirsium acaule*, l'*Erythræa pulchella*, le *Bupleurum falcatum*, etc., aux friches sèches de Rieux, de Tillé, de Saint-Jean, de Lalandelle, etc., en offrent de nombreux exemples. Une rosette de feuilles radicales semble suffire à ces espèces.

En résumé, l'aridité du terrain a pour effet immédiat de rapetisser la taille de l'espèce, d'amener la sécheresse des tissus et leur villosité, en même temps que la coloration devient plus intense.

Les plantes, au lieu d'être terrestres, sont-elles aquatiques, elles se modifient et suivent l'influence des milieux. Il semble alors que l'effet du milieu liquide métamorphose le pourtour du limbe des feuilles et augmente les angles en faisant disparaître la villosité.

Sur une eau dormante, le limbe des feuilles s'élargit, le parenchyme se développe davantage, le *Potamogeton natans*, les *Nym-*

phæa, l'*Hydrocharis*. Plus l'eau est courante, plus le limbe se découpe, il semble que sous cette action du courant, le tissu ne puisse se former, il y a des solutions de continuité, les feuilles sont moins serrées, comme dans le *Potamogeton laxifolius;* si l'eau est courante sans secousse, la feuille s'allonge, devient filiforme ou rubannée. Le *Sagittaria sagittæfolia vallisnerifolia*, dans le cas de submersion complète, a les feuilles linéaires très-allongées, réduites presque au pétiole; si l'eau est profonde, la plante se réduit à l'état de feuilles, pour ainsi dire, les autres organes disparaissent, comme dans les *Fucus;* quand le courant est rapide, la plante a ordinairement deux espèces de feuilles, les unes supérieures, flottantes, peltées-tripartites, les autres profondément laciniées; exemple, les *Renoncules aquatiques* : la submersion amène presque l'avortement du limbe; l'*Alisma plantago* a les feuilles, dans ce cas, tout à fait linéaires dans sa variété *graminifolius*, le *Potamogeton lucens* a les feuilles très-allongées dans sa variété *longifolius*. Ces différents états donnent naissance aux variétés *aquatiles*, *fluitantes*, *natantes*, *capillacæ*.

Les fossés sont-ils inondés et exondés, le limbe des feuilles a des dents, des crénelures moins profondes que les laciniures causées par la submersion, exemple : les *Ranunculus lingua* et *flammula* dans leurs variétés *serratæ*.

Le terrain est-il fangeux avec des mares d'eau stagnantes, la plante conserve un état intermédiaire entre les variétés terrestres et les variétés aquatiques, elle devient *amphibie*. Les *Renoncules batraciennes* nous offrent de nombreux exemples.

Si l'eau se retire et laisse la plante à sec, vous obtenez la variété *terrestris*. Dans ce cas, le *Potamogeton polygonifolius* raccourcit son pétiole; ses feuilles se rapetissent et se ramassent en rosettes; on voit que la plante ne flotte plus; elle a besoin, pour ainsi dire, de concentrer toutes ses parties pour se fixer au sol; le *Potamogeton pectinatus* se métamorphose en sa variété *scoparius*, variété tout à fait grêle qui manque de l'élément favorable à son évolution; le *Polygonum amphibium terrestre* a la tige droite, ne se laissant plus aller au cours de l'eau; ses feuilles se recouvrent d'une pubescence assez épaisse; le *Ranunculus aquatilis* croissant hors de l'eau qui s'est retirée, a les feuilles plus épaisses, le limbe se développe, les supérieures sont peltées, les lanières des feuilles inférieures sont plus épaisses et plus courtes, la tige est courte et dressée : la plante perd son port aquatique et se dispose à une existence aérienne. Les espèces, en général, recherchant le bord des ruisseaux, ou celles dont la tige se baigne dans l'eau, ont les tissus plus mous, moins coriaces, que les variétés des terrains secs; le *Rubus cœsius* a les feuilles molles au bord des eaux.

Nous pourrions continuer l'étude de ces variétés sur d'autres exemples encore, mais les faits précédents suffisent amplement, suivant nous, pour prouver l'influence du terrain et du milieu dans lequel vivent les plantes. Le botaniste doit seulement se tenir en garde contre les variétés *umbellatæ*, *proliferæ*, *polycephalæ*. Elles sont dues le plus souvent à la piqûre des insectes, comme dans les Ombellifères, les *Hieracium*, etc., ou au pâturage des animaux : la plante piquée ou broutée est blessée dans son organisme; il y une stase de la sève d'abord, puis une accumulation de sucs à la partie malade, accumulation qui tourne au profit de la fructification. Cette influence du terrain et des stations n'a, en définitive, rien qui doive étonner quand il s'agit d'êtres organisés privés d'organes de locomotion et de préhension; les organes de succion et d'absorption doivent donc être d'une importance essentielle dans l'évolution de l'être végétal; il faut qu'ils se mettent en harmonie avec les milieux ambiants.

DISSÉMINATION ET NATURALISATION DES ESPÈCES.

Il est difficile de reconnaître quelle a pu être l'aire primitive des plantes indigènes; le sol a été tellement remanié qu'il n'est plus possible, à l'époque actuelle, de préciser les lois qui ont dirigé la distribution des végétaux de l'époque ancienne. Un grand nombre des végétaux rencontrés dans l'Oise peuvent être considérés comme résultant non d'indigénat, mais de naturalisation.

Nous ne parlons pas d'acclimatation, car une véritable acclimatation, dans la complète extension du mot, ne peut exister. En effet, que faut-il entendre par là? Acclimater les plantes, c'est les habituer au climat ou forcer les espèces d'un climat à vivre sous un autre, c'est-à-dire, à vivre dans des conditions toutes différentes; or, c'est là un fait réellement impossible : on a pu s'abuser à cet égard, mais tôt ou tard un hiver rigoureux vient vous détromper et vous entraîner à de cruels mécomptes. Nos jardins nous en offrent des exemples continuels, dans les légumes, les artichauts, les haricots, la plupart des cucurbitacées, les pommes de terre, etc. — Dans les fleurs, les exemples sont plus nombreux encore : les reines-marguerites, les balsamines, les dahlias, etc.... Aucune de ces plantes, depuis son introduction, n'a changé de nature et ne peut passer pour acclimatée. Il arrive souvent qu'une plante venant de la Chine ou de l'Amérique septentrionale est mise en serre, on craint qu'elle ne soit pas de pleine terre; quand on l'a multipliée et qu'on ne craint plus de la perdre, on la met plus tard en orangerie; si on voit qu'elle ne souffre pas et qu'elle a continué de prospérer, on la risque alors en pleine terre, et comme elle persiste à végéter on la suppose acclimatée. La plante a conservé la même sensibilité aux influences atmosphériques, seulement on s'est abusé : la plante supportait la pleine terre et n'avait nullement besoin de la transition de la serre et de l'orangerie. On a fini par où il fallait commencer. D'autres fois, la plante a végété pendant plusieurs années en pleine terre et a paru acclimatée; mais tout-à-coup survient un hiver rigoureux que la plante ne peut supporter; elle meurt ou souffre beaucoup. C'est ce qui est arrivé dans l'Oise pour les blés rouges anglais. Avant d'affirmer qu'une plante peut vivre dans le climat où on l'a transportée, il faut souvent plusieurs années pour qu'elle ait pu subir toutes les variations de la température ordinaire, voire même les maxima et les minima.

Puisqu'il ne peut y avoir d'acclimatation, nous allons passer rapidement en revue les plantes que nous supposons naturalisées dans l'Oise, en citant, autant que faire se pourra, les circonstances et les dates de leur introduction, ainsi que les motifs qui font suspecter l'indigénat de la plante. Naturaliser une plante, c'est la transporter d'une contrée dans une contrée différente géographiquement de celle où l'a placée la nature, et dans laquelle se reproduiront les mêmes circonstances. Ces naturalisations de plantes non *aborigènes* ou *natives* se font ordinairement à l'aide de différents milieux qui favorisent ces transports. Il est utile de rappeler dans quelles circonstances s'opèrent ces vulgarisations qui finissent par changer la Flore d'un pays. Le terrain se trouve envahi par des espèces qui étendent leur aire de distribution aux dépens d'autres espèces. Les *naturalisations* sont de deux sortes : elles sont *naturelles* ou *artificielles*. Les premières sont limitées par les différentes causes qui ont servi à leur transport; les secondes dépendent de la volonté de l'homme, et n'ont d'autres limites que le climat du pays. Nous allons parcourir les unes et les autres, en faisant suivre ces deux listes de quelques réflexions sur le phénomène de la dissémination qui a favorisé la dispersion des plantes à la surface du sol.

NATURALISATIONS ARTIFICIELLES.

Clematis recta. — Bois de Saint-Martin-le-Pauvre. Planté.

Clematis flammula et *viticella*. — Parcs de Compiègne, de Chantilly, d'Ermenonville, etc. Planté.

Camelina sativa. — Un peu partout. Cultivé en grand autrefois. Se ressemant.

Lepidium sativum et *latifolium*. — Un peu partout. Cultivé en grand autrefois. Se ressemant.

Isatis tinctoria. — Montjavoult, Parnes, Liancourt, Senlis, Noyon, etc. Cultivé en grand jusqu'au règne de Henri IV. Se ressemant d'elle-même.

Reseda luteola. — Cultivé en grand jusqu'au règne de Henri IV. Se ressemant d'elle-même.

Viola palustris. — Semé par Jean-Jacques Rousseau aux environs d'Ermenonville.

Linum usitatissimum. — Cultivé en grand depuis le XIIe siècle jusqu'au XVIIIe siècle. Se ressemant.

Vitis vinifera. — La vigne a été introduite dès les premiers siècles de l'ère chrétienne. Elle ne refleurit plus à l'état sauvage; presque toujours les organes sexuels subissent des arrêts de développement ou bien il n'y a plus que des vrilles.

Toutes les espèces de *Tiliacées* et d'*Acérinées*, à l'exception de l'*Acer campestre*.

Œsculus hippocastanum. — Introduit à Paris en 1615, et que le Jardin des Plantes a propagé.

Ulex europœus. — Introduit comme culture.

Cytisus laburnum. — Parcs de Liancourt, Ermenonville, Morfontaine, etc. Ornemental.

Cytisus supinus. — Parcs de Liancourt, Ermenonville, Morfontaine, etc. Ornemental.

Cytisus capitatus. — Bois de Saint-Vaast. Ornemental.

Medicago sativa. — Introduit en 1762 par le Comité d'Agriculture.

Trigonella fœnum-græcum. — Malassise vers Senlis. Culture du moyen-âge.

Trifolium incarnatum. — Cultivé.

Trifolium pratense. — Cultivé depuis 1762.

Robinia pseudo-acacia. — Introduit en 1600, aux environs de Paris.

Onobrychis-sativa. — Introduit en 1770 par le Comité d'Agriculture.

Faba vulgaris. — Cultivé.

Ervum lens. — Cultivé.

Pisum arvense. — Cultivé.

Pisum sativum. — Cultivé.

Phaseolus vulgaris. — Cultivé.

Spirea hypericifolia, *S. salicifolia*, *S. sorbifolia*, *S. crenata*, *S. opulifolia*, *S. aruncus.* — Espèces cultivées comme ornementales.

Pyrus area. — Attichy, bois de Mermont. Introduit.

Malus communis. — Introduit et cultivé.

Pyrus communis. — Introduit et cultivé.

Cydonia vulgaris. — Haies. Introduit.

Trapa natans. — Semé à Ermenonville.

Sedum rubens, *album*, *telephium*, *reflexum* et *sempervivum tectorum.* — Plantés sur le faîte des constructions en chaume, afin de les garantir contre les oiseaux de proie nocturnes.

Ribes uva-crispa, *grossularia*, *rubrum*, *alpinum.* — Haies. Introduits.

Apium graveolens. — Cultivé.

Lonicera caprifolium et *xylosteum.* — Plantes ornementales.

Rubia tinctorum. — Introduit en 1762 par le Comité d'Agriculture.

Dipsacus fullonum. — Introduit.

Inula helenium. — Vers Trie-Château. Semé par J.-J. Rousseau.

Achillea filipendulina. — Bords de l'Oise, près Verberie (1823). Semé.

Artemisia absinthium. — Cultivé.

Fraxinus excelsior et autres. — Introduction.

Syringa vulgaris. — Inconnu avant 1562.

Asclepias cornuti. — Introduit pour culture à Béthencourtel vers 1762.

Borrago officinalis. — Ancienne culture.

Nicotiana rustica. — Ancienne culture.

Datura stramonium. — Herbe magique cultivée par les Bohémiens autour de leurs tentes.

Lycium barbarum. — Ornemental.

Mentha piperita. — Ancienne culture.

Melissa officinalis. — Ancienne culture.

Hyssopus officinalis. — Ancienne culture.

Satureia hortensis. — Ancienne culture.

Salvia pratensis. — Ancienne culture.

Salvia sclarœa. — Ancienne culture.

Blitum virgatum. — Ancienne culture.

Blitum capitatum. — Ancienne culture.

Amaranthus albus. — Ancienne culture.

Euxolus deflexus. — Ancienne culture.

Beta vulgaris. — Culture actuelle.

Spinacia oleracea. — Culture actuelle.

Rumex scutatus. — Ancienne culture.

Polygonum fagopyrum. — Introduit en France par les Maures d'Espagne, au XVIe siècle.

Asarum europœum. — Cultivé comme médicinal.

Aristolochia clematitis. — Dans les vignes. Cultivé comme médicinal.

Euphorbia lathyris. — Culture sous Charlemagne.

Buxus sempervirens. — Cette plante a été introduite, car elle est conquérante et envahissante. On ne la retrouverait pas isolée comme nous la voyons aujourd'hui.

Cannabis sativa. — Cultivé autrefois.

Humulus lupulus. — Cultivé autrefois.

Morus alba. — Introduit de Chine vers le XVe siècle. Naturalisé à Saint-Germer depuis 1816.

Salix babylonica. — Introduit.

Salix hippophaefolia et *seringeana.* — Introduits.

Différentes espèces de *Salix* sont naturalisées au parc d'Houdainville. Introduites par M. de Saint-Morys.

Castanea vulgaris.

Myrica gale. — Planté au bois Michaux.

Celtis australis. — Planté au bois Michaux.

Pinus, *Abies*, *Thuya*, *Cupressus*, *Taxus*, *Larix.* — Arbres d'ornement.

Iris pumila. — Introduit comme revêtement des murs en chaume.

Iris germanica. — Planté.

Asparagus officinalis. — Cultivé.

Allium vineale, *ascalonicum*, *oleraceum*, *sphœrocephalum*, *scorodoprasum.* — Cultivés sous Charlemagne, sous le nom d'*Eschaloignes.*

Carex arenaria. — Introduit pour fixer les sables mouvants.

Phalaris canariensis. — Cultivé.

Avena, *Triticum*, *Hordeum*, *Secale*, *Zea mais*, *variæ species.* — Cultivés.

Les naturalisations *intentionnelles* que certains botanistes ont essayées, comme J.-J. Rousseau, dans notre département, peuvent induire le botaniste-géographe en erreur; aussi les désapprouvons-nous.

NATURALISATIONS NATURELLES.

Les naturalisations naturelles ont lieu, malgré la volonté de l'homme, souvent par son concours, mais à son insu et par tous les moyens de dissémination et de diffusion que la nature a donnés à chaque espèce. Quelques plantes ont peu de durée; transportées d'un climat différent du nôtre par quelques circonstances favorables, elles s'étendent peu, ne quittent guère la station spéciale qui les a vues naître, souvent même ne mûrissent pas leurs graines, et presque toujours finissent par disparaître : c'est qu'alors elle n'ont pas trouvé dans notre climat les conditions favorables à leur évolution complète. Plus tard, on pourra les voir reparaître isolément, quand renaîtra le concours des circonstances qui les ont amenées, mais leur aire sera toujours circonscrite. Ce seront des plantes que l'on pourra appeler *désacclimatées.* D'autres plantes transportées chez nous s'y établissent, y prospèrent, y fructifient, étendent de jour en jour leur aire de distribution, et persistent malgré les efforts que l'homme tente pour les extirper de ses cultures. Elles sont donc cultivées *malgré la volonté de l'homme*, et ont conquis le droit de cité : ce sont des plantes qui ont retrouvé dans notre climat les conditions favorables à leur évolution, conditions identiques à celles de leur véritable patrie. L'homme les considère comme *nuisibles* à ses cultures. Quelques plantes se maintiennent par des procédés artificiels comme par le renouvellement des graines des céréales achetées dans d'autres départements, alors elles persistent ou reparaissent tant que dure le cours de leur introduction, et se retrouvent toujours au sein même des cultures. Si les champs restaient à l'état de friche, incultes, elles disparaîtraient; car ce sont la plupart du temps des plantes annuelles qui peuvent fleurir et mûrir chez nous leurs graines, mais dont la germination se trouverait entravée par les circonstances climatériques du pays. Elles sont introduites avec les céréales.

Adonis citrina, *flammea*, *œstivalis*. — Peu abondants, toujours dans les moissons, introduits avec les céréales.

Ranunculus gramineus. — Désacclimaté. N'a pu se maintenir.

Nigella arvensis. — Toujours dans les moissons.

Nigella damascena. — Isolé. Echappé des jardins.

Thalictrum aquilegifolium. — Isolé. Echappé des jardins.

Hepatica triloba. — Garenne de Bussy-Montigny, bois de Liancourt et de Bailleval. Les moines le cultivaient sous le nom d'*Herbe de la Trinité*, aux environs d'anciens monastères.

Eranthis hiemalis. — Saint Lucien, bois d'Yvors, parcs. Subspontané.

Delphinium consolida. — Exclusivement dans les céréales.

Delphinium ajacis. — Méridional. Près les jardins. Echappé. Adventice.

Papaver rhœas, *dubium*, *argemone*, *hybridum*. — D'origine romaine. Introduits avec les céréales.

Papaver somniferum. — Echappé de culture. Près les lieux habités. Adventice.

Hypecoum procumbens. — Plaine de Tillé. Désacclimaté.

Fumaria capreolata, *officinalis*, *media*, *parviflora*, *vaillantii*, *micrantha*. — Originaires du midi. Dans les cultures, champs ou vignes.

Corydalis lutea. — Vieux murs à Saint-Lazare, rue du Petit-Thérain, etc. Echappé des jardins.

Cheiranthus cheiri. — Toujours sur les murs. Echappé des jardins.

Cochlearia armoracia. — Parc de Séry, étang du Wallu. Cette plante a des racines puissantes qui s'emparent du sol : elle y persiste au point de paraître aborigène. Au moyen-âge elle était cultivée comme alimentaire. Les moines surtout en faisaient un fréquent usage. Elle a été apportée par les eaux dans le port de Creil, en 1811 et 1812. Adventice.

Cochlearia officinalis et *glastifolia.* — Echappés des jardins. Adventice.

Alyssum calycinum. — Facile à transporter avec les ballots de marchandises, sur les vêtements ou mélangé avec les graines de céréales ; cependant, sa fréquence sur les sols sableux doit nous le faire présumer natif.

Thlaspi arvense. — Naturalisé avec les graines des céréales. Toujours çà et là.

Iberis amara. — Naturalisé avec les graines des céréales. Toujours çà et là.

Camelina dentata. — Dans les moissons de lin. Importé avec les graines venant de la Russie méridionale et du Caucase.

Erysimum cheiranthoides. — Lieux cultivés. Voisinage des habitations.

Neslia paniculata. — Introduit. Moissons.

Sisymbrium irio et *sophia.* — Vieux murs. Près les habitations.

Lunaria biennis. — Echappé des jardins.

Sinapis arvensis, nigra, alba. — Moissons.

Brassica et variétés. — Echappés de culture.

Raphanus sativus. — Echappés de culture.

Raphanus raphanistrum. — Moissons.

Arenaria balearica. — Sur un mur. Adventice.

Dianthus caryophyllus. — Murs des chateaux et vieilles tours. Echappé des jardins.

Dianthus barbatus. — Subspontané.

Saponaria vaccaria. — Moissons, avec les céréales.

Saponaria officinalis. — Echappé des jardins. Les racines ont une grande vitalité. Les pieds, quelquefois à fleurs doubles, militent en faveur de cette origine.

Silene gallica. — Moissons.

Lychnis githago. — Moissons.

Lychnis flos Jovis et *coronaria.* — Echappés des jardins.

Spergula arvensis. — Cultivé. Moissons.

Viola tricolor arvensis. — Moissons.

Oxalis stricta. — Provient sans doute de l'Amérique septentrionale.

Malva crispa. — Villers-Saint-Frambourg. Echappé des jardins.

Althœa officinalis. — Près les habitations. Echappé des jardins.

Androsœmum officinale. — Près les habitations. Echappé des jardins.

Geranium pyrenaicum. — Introduit avec la semence de gazon. Diffusion remarquable et rapide dans toutes les directions depuis une douzaine d'années.

Tropœolum majus. — Echappé des jardins.

Ruta graveolens. — Echappé des jardins.

Scorpiurus vermiculatus. — Graines jetées avec les débris des jardins.

Medicago orbicularis. — Rieux et Laigneville. Adventice. Boulevard Saint-Jean, près la manufacture de MM. Tétard; importé avec les laines.

Medicago scutellata. — Boulevard Saint-Jean, près l'usine Tétard, apporté avec les laines d'Algérie. Espèce de Pont Juvénal. Adventice.

Melilotus leucantha. — Dans les luzernières. Introduit.

Trifolium angustifolium. — Du Midi. Introduit. Adventice.

Galega officinalis. — Echappé des jardins.

Coronilla emerus. — Echappé des jardins. Mogneville.

Quelques *Ervum* ont été importés avec les graines des céréales.

Lathyrus nissolia, hirsutus. — Introduits avec les graines des céréales. Cependant deux localités du *Lathyrus nissolia* nous présentent les caractères de l'indigénat; mais il n'était pas connu chez nous il y a quinze ans.

Lathyrus latifolius, tangitanus. — Echappés des jardins.

Potentilla recta. — Echappé des jardins.

Rosa gallica. — Près Songeons. Echappé des jardins.

Œnothera biennis. — Echappé des jardins. Introduit d'Amérique en 1619.

Petroselinum sativum. — Echappé des jardins. Saint-Vaast de Longmont, etc.

Petroselinum segetum. — Nous l'avons trouvé en 1853 près Saint-Lazare, dans les moissons. Adventice.

Sison amomum. — Introduit.

Ammi majus. — Dans les moissons. Adventice.

Bunium bulbocastanum. — Toujours dans les moissons.

Fœniculum officinale. — Echappé des jardins.

Anethum graveolens. — Echappé des jardins.

Anthriscus cerefolium. — Echappé des jardins.

Sambucus ebulus. — Champs fumés. Introduit probablement; on le propage parce que son odeur passe pour chasser les rongeurs.

Galium vaillantii. — Moissons. Introduit.

Valerianella eriocarpa, *hamata*, *vesicaria.* — Moissons. Introduits.

Centranthus ruber. — Murs de jardins ou de parcs. Echappé.

Erigeron canadense. — De l'Amérique septentrionale. Introduit. Echappé des jardins.

Solidago canadensis. — De l'Amérique septentrionale. Introduit. Echappé des jardins.

Matricaria camomilla. — Près les habitations. Subspontané.

Chrysanthemum corymbosum et *parthenium.* — Près les habitations. Subspontané.

Chrysanthemum segetum. — Introduit. Moissons.

Antennaria margaritacea. — Forêt de Compiègne. Naturalisé.

Calendula officinalis. — Echappé des jardins.

Centaurea cyanus. — Exclusivement dans les moissons. Introduit.

Centaurea paniculata. — Luzernières. Introduit. Désacclimaté.

Centaurea solstitialis. — Luzernières. Introduit. Désacclimaté.

Centaurea montana. — Echappé des jardins.

Silybum marianum. — Echappé des jardins. Près les habitations, et surtout près les vieux châteaux : il était probablement cultivé au moyen-âge.

Cynara scolymus. — Près les habitations, et surtout près les vieux châteaux : il était probablement cultivé au moyen-âge.

Chondrilla juncea. — Moissons.

Barkhausia rubra. — Echappé des jardins.

Aster tradescanti. — Echappé des jardins. Pentes du Ganelon.

Xanthium strumarium et *spinosum.* — Toujours dans les décombres. Introduits.

Atriplex littoralis. — Trouvé par nous près l'usine Tétard. Accidentel.

Specularia speculum et *hybrida.* — Avec les semences des céréales.

Cyclamen europœum. — Rejeté avec les débris des jardins.

Vinca major. — Echappé des parcs.

Villarsia nymphoides. — Transporté par l'Oise, par l'Aisne.

Cuscuta trifolii. — Importé avec les graines de trèfle. Beauvais, Bargny.

Cuscuta corymbosa. — Importé. Dans les luzernières. Mareuil-sur-Ourcq.

Omphalodes verna. — Echappé des jardins. Garenne de Russy-Montigny.

Nicandra physalodes. — Echappé des jardins. Nivillers. Hermes.

Linaria cymbalaria. — Importé.

Linaria pelisseriana. — Importé. Adventice.

Antirrhinum majus. — Echappé des jardins. Vieux murs.

Veronica buxbaumii. — Apporté avec les graines de gazon. Se propage depuis vingt ans.

Melampyrum arvense. — Introduit. Moissons.

Les *Amaranthes.* — Echappés des jardins.

Lilium bulbiferum. — Provient des jardins. Mont-Saint-Simeon.

Lilium martagon. — Provient des jardins. Prairie du Ply.

Muscari montruosus. — Provient des jardins. Lhéraule.

Acorus calamus. — Transporté par l'Oise en 1823, près le bac de Varennes. Inconnu avant le XVIe siècle. Accidentel.

Carex cyperoides. — Trouvé par nous au moment où on comblait le canal de ceinture. Accidentel.

Crypsis alopecuroides. — Près l'usine Tetard. Notre Pont Juvénal. Adventice.

Cynodon dactylon. — Adventice.

Gaudinia fragilis. — Avec les semences de gazon.

Lolium arvense. — Avec les semences de gazon.

Lolium linicola. — Avec les semences de lin.

Alopecurus utriculatus. — Avec les semences de gazon.

Setaria italica. — Echappé des jardins.

Cynosurus echinatus. — Parc de Crillon. Avec semences de gazon.

Panicum miliaceum. — Echappé des jardins.

Ægilops triuncialis. — Adventice.

La distribution géographique des plantes est aidée par différentes circonstances dont la principale est la dissémination qui favorise les naturalisations. La dissémination est cette action par laquelle les graines sont naturellement dispersées à la surface de la terre à l'époque de la maturité. La dissémination naturelle des graines est, dans l'état sauvage, l'agent le plus puissant de leur reproduction.

Quand les graines tombent d'elles-mêmes et sont légères, elles sont les trois quarts du temps entraînées par l'action des vents dont l'influence est plus ou moins grande selon l'altitude, selon l'exposition, selon les abris, bois ou forêts, etc. Cette dispersion est de plus facilitée par des membranes, comme dans les érables, par des produits cotonneux, l'*Asclepias*, l'*Epilobium*, etc., par des aigrettes, des aspérités. Dans certains cas, la déhiscence a lieu avec éclat et les graines sont ainsi rejetées au loin comme par un ressort, l'*Impatiens noli-tangere*. Si les fruits sont indéhiscents, cette dispersion est protégée par des appendices qui font voltiger les graines, comme dans la famille des Valérianées, des Synanthérées, dans l'orme, le bouleau. Des circonstances spéciales peuvent favoriser les naturalisations et les transports. Les botanistes savent, par exemple, que la semence de l'*Erigeron canadense* a été apportée en Europe dans un oiseau empaillé. La plante s'est d'abord naturalisée en Norwège et en Suède, et de là elle s'est répandue avec rapidité dans toute l'Europe où elle paraît indigène. Ce phénomène est encore favorisé par les eaux dans lesquelles flottent des graines en s'y conservant, c'est ainsi que les plantes des montagnes descendent dans les vallées, que l'*Acorus calamus* a pénétré dans notre département. Nos cours d'eau, l'Oise, l'Aisne, etc., sont des routes mobiles qui transportent loin de leur patrie des végétaux qui se développent sur leurs bords. La Nonette a transporté non loin de Chantilly le *Spiræa aruncus*. Si les rivières coulent du sud au nord ou de l'est à l'ouest, dans des directions opposées, elles transportent alors des graines qui changent totalement de climat. Des conditions favorables sont encore amenées par les débordements des cours d'eaux, accidentels ou périodiques, par les inondations, par les grandes débâcles, par les ouragans, par les trombes, par les courants sous-marins. Souvent des graines, objet de la convoitise des oiseaux, ont leur enveloppe difficilement attaquable par les sucs du canal digestif; alors les oiseaux qui les mangent peuvent les transporter au loin et les déposer dans une autre patrie avec leurs excréments; d'autres fois les graines se sont attachées au bec ou aux plumes des oiseaux voyageurs et tombent pendant leur vol; c'est ainsi que les merles propagent le *gui*, que la pie avec sa salive visqueuse transporte les fruits bacciformes; les geais et les pies font approvisionnement de graines et les cachent : de là viennent les *groseillers rouges* que nous rencontrons sur quelques murs, sur des têtards de saules, etc. Ces naturalisations, à l'aide des oiseaux, ont presque toujours lieu du sud au nord ou du nord au sud. C'est probablement aux migrations des palmipèdes aquatiques que nous devons, dans certains marais ou sur les bords de quelques étangs, la rencontre d'espèces qui n'appartiennent pas à notre climat. Souvent encore, les rongeurs, rats, loirs, mulots, souris, écureuils, etc., font des magasins de graines qui se trouvent ainsi transportées. Chez nous, les renards, friands des baies d'*asperges*, les transportent loin du lieu où il les ont recueillies et déposent les semences intactes dans leurs excréments : aussi les pieds d'asperges que nous rencontrons dans nos cantons sableux sont toujours isolés et vigoureux. Les animaux à toisons transportent les graines munies de poils, d'aigrettes, d'appendices, de crochets, comme l'*Agrimonia*, le *Xanthium*, les *Galium*, quelques *Medicago*, quelques *Borraginées*, le *Cynoglossum*, l'*Echinospermum*, l'*Asperugo*, etc. Le commerce des laines, les déchets des lavoirs sont encore un moyen puissant de propagation : nous en avons de nombreux exemples dans notre département où cette industrie est assez importante. Nous avons cité plus haut les nombreuses plantes arvicoles qui se trouvent transportées à l'aide des semences des céréales, des légumineuses, du lin, du chanvre, etc. — De nombreuses plantes cosmopolites s'attachent à l'homme, le suivent partout où il va, l'*Ortie*, le *Seneçon*, la *Mauve*, la *Renouée*, etc. Quand les fruits sont charnus, ils peuvent être transportés par les oiseaux, ou ils tombent d'eux-mêmes, la pulpe se désorganise, les noyaux s'ouvrent ou ils roulent à la surface de la terre par l'impulsion des vents ou l'inclinaison du terrain. (Consulter la *Géographie botanique* de M. de Candolle.)

Les défrichements font disparaître quelques espèces qui avaient besoin d'un abri, tandis que d'autres enfouies depuis longtemps apparaissent aussitôt et nous rappellent la végétation primitive; il semble qu'étouffées par les autres, elles aient besoin d'air et de soleil; ces deux conditions leur étant rendues, elles surgissent aussitôt; c'est ainsi qu'à la suite d'une coupe à la forêt du Parc, le *Phalangium ramosum* a apparu en 1862, en grande quantité, depuis vingt ans il avait disparu. Des graines enfouies dans la craie même, par suite de nos révolutions géologiques, germent encore dès qu'elles reviennent à la surface du sol. C'est ainsi qu'à la carrière de Bracheux, quand on remue la roche crétacée avec la pioche, le *Phleum asperum* apparaît l'année suivante; si le fer n'entame pas la roche, le *Phleum* disparaît. Sur le territoire de la même commune, un chemin pratiqué en pleine craie fit encore apparaître, en 1848, le même *Phleum*. Chaque fois que dans notre département on fait des tranchées, ou que l'on perce des routes, on voit sur le champ la *Jusquiame* apparaître comme si les graines avaient été enfouies depuis des siècles. A une époque plus ou moins reculée, cette plante, de même que le *Phleum asperum*, devait faire partie du tapis végétal de cette époque. D'ailleurs, la végétation naturelle est soumise aux lois d'alternance qui dirigent la culture réglée; des plantes disparaissent qui ne trouvent plus dans le sol les éléments nécessaires à leur nutrition et font place à d'autres. N'avons-nous pas vu disparaître du département des espèces vulgatissimes suivant les traditions populaires; le châtaignier, le tilleul ont été, à une époque, fort communs et ont composé, en grande partie, nos grandes forêts dans les premiers temps de l'ère chrétienne; on ne les rencontre plus qu'à l'état de pieds isolés. Quand une colline a son exposition d'inclinaison du sud au nord, il est facile alors aux graines de descendre dans la vallée, poussées par le vent. Des tourbillons de neige, de vent, de poussière, transportent encore les graines, du haut des champs inclinés, sur le bord des routes encaissées, où ces tourbillons venant à se briser contre un mur, contre une roche, déposent ces graines dans les interstices des pierres. Les débris des jardins jetés sur les fumiers ou sur les tas de boues sont transportés dans les champs comme engrais, et donnent ainsi naissance à des plantes qui peuvent se naturaliser et croître au milieu des moissons et des prairies. Il y a des familles plus propres à la dissémination et à la naturalisation que d'autres; mais quelle que soit la difficulté qu'une espèce trouve à se répandre et à étendre son aire de distribution, la nature y a pourvu et sait trouver le moyen de propager l'espèce, cette propagation étant le véritable but vers lequel tendent tous les êtres organisés, d'après les vues mystérieuses du Créateur.

VÉGÉTATION FOSSILE.

Nous avons essayé, dans les pages qui précèdent, de donner un aperçu de la riche et belle végétation de notre département. En écrivant cette rapide esquisse, nous nous sommes demandé plus d'une fois quelle devait être la végétation qui l'a précédée, car le tapis végétal n'a pu être toujours le même. A une époque antérieure à l'homme, les révolutions géologiques ont dû changer le sol, le climat et la végétation du pays. C'est là un grand et beau mystère, digne de la recherche des botanistes et des géologues, mais qu'il ne nous est pas encore donné dans l'état actuel de la sience de sonder et d'expliquer. En ce moment, en nous appuyant des travaux géologiques de M. Graves, développés dans son *Essai de topographie géognostique*, nous ne pouvons que consigner ici les végétaux fossiles rencontrés dans le département.

En fouillant les archives du monde primitif, on retrouve des empreintes, des pétrifications de plantes dont l'ensemble, s'il était parfaitement connu, constituerait la *Flore primitive*. Tantôt, ce sont des empreintes de plantes ayant des rapports intimes avec les végétaux de l'époque moderne : pins, sapins, érables, ormes; d'autres fois, on rencontre des végétaux appartenant à des espèces imparfaites : ce sont des roseaux, des *calmus*, des équisétacées d'une dimension considérable; ailleurs, ce sont de simples tissus cellulaires, algues, varechs; autre part, on reste frappé d'étonnement devant la puissance qui a créé ces végétaux à tige colossale disparus de la face du monde, et qui par la taille nous donnent une idée si grandiose du plan de la création primitive. Nous serions heureux de pouvoir reconstruire la Flore de l'Oise à cette époque, mais les données nous manquent; l'Oise est dépourvu de ces mines qui permettent aux savants d'explorer les profondeurs de la croûte terrestre : il ne nous est donc permis que de nous servir des quelques trouvailles faites par les agents-voyers ou par les ingénieurs, quand ils ont eu occasion de creuser le sol à une certaine profondeur. Ce n'est donc qu'une esquisse très-incomplète que nous donnons ici, en suivant le tableau de la coupe des terrains.

ÉTAGE NÉOCOMIEN ET GROUPE VELDIEN.

Au sommet du mont Bénard, à Savignies, dans une couche de sable gris-fauve compacte, mêlé d'argile. — *Lonchopteris Mantelli.* Brongn : — Mantell. géol. South-East. Engl. p. 243. — Sur les pentes du mont.

Au nord de Rainvillers, au milieu d'un massif de sable blanc, la même espèce, mais à l'état charbonneux et tout à fait détérioré.

Entre Rainvillers et Saint-Paul, sur la route de Gournay, dans un sable grisâtre à grain fin, coupé par des marnes argileuses, au milieu des feuillets de l'argile, on a trouvé de belles empreintes de *Lonchopteris:* dans la partie supérieure, les empreintes font place à de magnifiques pétrifications de la même fougère. On la retrouve encore à Sorcy; au bois de Soavre, les grès sont couverts d'empreintes. Au Champ-des-Taillis, on remarque un dépôt de marne argileuse brune feuilletée, où l'on trouve de belles empreintes de cette fougère, et souvent des débris ayant conservé leur tissu ou incrustés de fer pyriteux. La première découverte de ce genre remonte à 1825.

Du bois de Blacourt à Montreuil, par le chemin de la Cavée, on retrouve un lit de sable contenant encore le *Lonchopteris*, mais en fragments. Il en est de même au bois Delamarre, près Ons-en-Bray. Dans les coteaux de l'Héraule et de Crêne, elle se retrouve encore au milieu des argiles grises à poteries.

Le groupe veldien ou les couches inférieures de l'étage néocomien sont caractérisées par le *Lonchopteris Mantelli.* Pour voir les empreintes de cette fougère dans toute leur beauté, c'est à la sablonnière de Saint-Paul, sur la route de Beauvais à Rouen, qu'il faut aller les chercher au milieu de la masse puissante de sable à fougère qui affleure le sol superposé au fer limoneux. On y recueille des fragments de frondes brisées et ayant l'apparence de points charbonneux qui viennent moucheter le banc de sable; en d'autres endroits, ces débris sont devenus pyriteux et sont en état de décomposition. On en trouve de belles empreintes en grands échantillons dans les lits de marne argilo-sableuse qui partagent le banc. Les autres localités signalées sont : à l'ouest de La Chapelle-aux-Pots, au lieudit Epleine; au hameau de Montreuil; Saint-Germain-la-Poterie, où l'ouverture d'un puits, en 1835, a montré, après plusieurs bancs, un sable noir, vitriolique, avec des lits intercalés de marne feuilletée contenant des débris de fougère; Villers-sur-Auchy et Auchy-en-Bray : à ces deux localités, les débris végétaux sont rares. La présence du *Lonchopteris* dans cette partie du terrain veldien est vraiment caractéristique, et le Bray a chez nous, sous ce rapport, la plus grande analogie avec le terrain veldien du comté de Sussex.

Le *Chondrites æqualis*. Sternb. *Fucoides*, Brong. veg. foss. I, p. 58, t. v, fig. 51. — Se trouve au milieu des marnes sableuses veldiennes que le puits de Saint-Germain a mises à jour.

Le *Chondrites intricatus*. Sternb. *Fucoides*, Brong. 1, p. 59, t. v, fig. 6-8. — A été rencontré au milieu des argiles et des marnes sableuses veldiennes à Lhéraule et Savignies.

Le *Sphenopteris gracilis*. Fitton. trans. Soc. géol. Lond. t. IV, p. 181, fig. 1. — A feuilles dentelées et à pétiolule. Saint-Germain-la-Poterie. Marnes sableuses veldiennes.

Le *Sphenopteris Mantelli*. géol. South-East. Engl. p. 243. — Mêmes localités et mêmes stations.

La carrière de La Frénoye, près Savignies, les friches de La Chapelle-aux-Pots, de Saint-Paul, de Saint-Germer, etc., présentent des traces d'*Exogenites* dans les grès ferrugineux néocomiens.

Le *Nilsonia Brongniartii*. Brong. *Cycadites*, Mantell. géol. South-East. Engl., p 238. — Mêmes stations et localités.

Le *Zosterophyllum articulatum*. Pomel, mss. — Mêmes localités et stations.

Le *Moreausia Gravesii*. Pomel. mss. — Au puits de Saint-Germain-la-Poterie, dans les marnes sableuses veldiennes.

Le *Carpolites Mantelli.* Brongn.-Mantell. géol. South.-East. Engl., p. 246. — Au même lieu, dans un massif argilo-sablonneux.

Le *Carpolites sulcatus.* Lindl. foss. Flor. t. III, p. 179, tab. 220. — A été rencontré au Champ-des-Taillis et à Saint-Paul, dans les sables veldiens.

Les sables veldiens de Saint-Paul présentent aussi quelques empreintes de tiges d'*Endogenites.*

GLAUCONIE CRAYEUSE.

Le *Chondrites furcellatus.* Rœm. Verst. Kreid. n° 1, tab. 1, fig. 1. — Caractéristique de la craie chloritée, à Berneuil.

Le *Chondrites Targionii.* Sternb. *Fucoïdes.* Brongn. 1, p. 56. — Même remarque.

GLAUCONIE INFÉRIEURE.

Le *Flabellaria rhapifolia.* Sternb. Unger, Syn. p. 182, n° 2. — A Crisolles, près Noyon, dans les grès.

Le *Cryptomeria.* — On a trouvé des empreintes que M. Ad. Brongniart a rapportées à ce genre dans les grès de la glauconie inférieure à Crisolles, près Noyon, et dans les carrières de Gannes.

Le *Pinus macrolepis.* Brongn. mss. — Aux carrières de Gannes. On trouve aussi des empreintes de feuilles linéaires ou de tiges d'*Endogenites*, dans les grès glauconieux inférieurs de Crisolles.

LIGNITES.

Le *Chara helicteres.* Brongn. géol. Paris, pl. 8, fig. 8. — Caractéristique des lignites tertiaires où ses fruits abondent, surtout dans les marnes calcaires nommées *cordons*, aux cendrières de Saint-Sauveur, Canly, Ognolle, Antheuil, Cuvilly, Orvillers, Mont-Soufflard; dans des marnes lacustres calcaires à Cuvilly; dans du calcaire d'eau douce à Mortemer, Pronleroy. Cette marne lacustre de Cuvilly est pétrie, pour ainsi dire, d'empreintes végétales entre lesquelles on ne peut guère reconnaître que des *Chara* avec leurs fruits.

L'*Equisetum stellare*. Pomel, mss. — Au milieu des lignites, dans les marnes argileuses feuilletées de Brétigny, aux cendrières de Canly, Guiscard, Muirancourt, Mareuil-Lamotte, Saint-Sauveur, Boucquy.

Dans ces dépôts on trouve des corps ovoïdes qui ressemblent à des fruits et que l'on suppose appartenir aux racines de cette plante.

Le *Culmites Goepperti*. Munster, Beitr. 5, pl. 3, fig. 1. — A Muirancourt, dans les lignites.

Dans les grès de la première couche du dépôt de lignite, à Muirancourt, à Bussy, on rencontre fréquemment de grandes tiges articulées d'*Endogenites*.

Des débris d'*Exogenites* ont été trouvés dans l'argile qui accompagne le calcaire d'eau douce inférieur à Pronleroy. Les cendrières de Canly, d'Arsy, de Muirancourt, de Brétigny, de Saint-Sauveur, de Monceaux, des Ageux, offrent souvent des morceaux volumineux de bois silicifié et quelquefois pyriteux dans les dépôts de lignite. A Boulincourt, Bonvillers, Cappy, Muirancourt, les sondages amènent quelquefois du bois non pétrifié, mais très dur et susceptible de poli au milieu des dépôts de lignite.

GLAUCONIE MOYENNE ET SUPÉRIEURE.

Le *Betulinium parisiense*. Unger. syn. p. 215 n° 2. — Se trouve dans les sables glauconieux moyens et supérieurs, sous forme de bois pétrifié : Attichy, Croutoy, Cuise-Lamotte, Trosly-Breuil, Pierre-fonds, Saint-Pierre-en-Chastres, Saint-Nicolas-de-Courson, Vaudrenpont, Gillocourt, Feigneux, Mareuil-sur-Ourcq, Coye, Saint-Siméon, Villers-Saint-Paul, Le Gallet.

L'*Endogenites* se présente sous forme de bois pétrifié à Saint-Pierre-en-Chastres et à Crisolles.

CALCAIRE GROSSIER.

Aux carrières de Lavilletertre et de Saint-Cyr-sur-Chars, au milieu du calcaire grossier moyen et supérieur, on a trouvé des empreintes rougeâtres, rameuses, longues de 2 mètres, de *Caulinites ambiguus*. Unger. Syn. p. 176, n° 8. *Culmites*, Brongn. géol. Paris, pl. 1", fig. 1. 6.

Le *Caulinites parisiensis*. Brongn. *Amphytoites*, Brongn. géol. Paris, pl. F., fig. 10. — Se rencontre dans le calcaire grossier moyen, aux carrières de Chevincourt, aux carrières de Saint-Victor, près Autrèches, à celles de Berneuil-sur-Aisne, de Saint-Pierre-les-Bitry, de Villemétrie.

Le *Betulinium parisiense*. Ung. — Se rencontre mêlé avec les *Caulinites*.

Le *Phyllites linearis*. Brongn. Géol. Paris. Pl. R, fig. 7. — Marnes calcaires et calcaire grossier supérieur aux marnières de Boulleaume, près Lierville, de Boubiers, sur la route de Beauvais à Mantes.

Le *Phyllites mucronata*. Brongn. Géol. Paris. Pl. P, fig. 1, A. — Calcaire grossier moyen et supérieur à Saint-Cyr-sur-Chars. Marnes calcaires à Lierville.

Le *Phyllites neriifolia*. Brongn. Géol. Paris. Pl. P, fig. 1, B. — Carrières de liais autour de Senlis.

Le *Phyllites reniformis*. Brongn. Paris. Pl. R, fig. 4. — Carrières de Chambors.

Le *Phyllites retusa*. Brongn. Paris. Pl. R, fig. 4. — Carrières de liais près Senlis.

MARNES.

Le *Phyllites linearis*, le *Ph. neriifolia*, le *Ph. retusa*. — Se rencontrent au milieu des marnes.

SABLES MOYENS.

Bois pétrifié d'*Exogenites*. — Fragments volumineux et portions de troncs. Plaine entre Senlis et Mortefontaine ; butte des Gendarmes, forêt d'Ermenonville.

CALCAIRE LACUSTRE MOYEN.

Les débris végétaux de cet étage sont excessivement difficiles à déterminer. On ne peut bien reconnaître que les fruits de *Chara* dont la forme sphérique a facilité la conservation. Le *Chara Lemani*, Brongn. Géol. Paris. Pl. S, fig. 9. — Caractéristique du calcaire lacustre moyen. Très-commun, surtout dans les silex. — Pays de Mulcien.

CALCAIRE LACUSTRE SUPÉRIEUR.

Le *Chara medicaginala*. Brongn. Géol. Paris. Pl. S, fig. 7. — Montjavoult. Saint-Christophe-en-Halatte.

Dans l'étage du terrain d'eau douce supérieur, on trouve des bois pétrifiés, à Montmélian, Sérans, Montjavoult, épars à la surface du sol avec les meulières. Endlicher a placé ces débris sous le genre *Pitys*.

TOURBE.

Dans la tourbe pyriteuse, au Béquet, au Marais près Goincourt, à Sacy-le-Grand, on trouve fréquemment des fruits bien conservés du *Corylus avellana L.* et du *Carpinus betulus L.*

GYPSE.

Dans les marnes argileuses paléothériennes qui se trouvent placées au-dessus du gypse, à Plailly, on rencontre le *Fasciculites gravesii*. Pomel.

TERRAIN DE TRANSPORT.

La période diluvienne présente à Tarlefesse, dans le terrain de transport de l'Oise, le *Fasciculites biformis*. Pomel. mss. Dans la vallée du Thérain, à Bury, La Caille-des-Grès, entre Balagny et Cires-les-Mello, c'est le *Fasciculites gracilis*, Pomel. mss., qui se trouve le plus fréquemment.

Ici s'arrête la liste des fossiles que les sondages et les coupes des terrains ont présentés aux recherches des savants; elle s'enrichira probablement par la suite; en attendant, elle n'en présente pas moins d'intérêt aux botanistes et aux géologues de l'Oise. Qu'il nous soit permis, en terminant, de rendre encore un juste hommage à la mémoire de M. Graves, qui a étudié chez nous les fossiles avec un soin si scrupuleux que quelques espèces, en recevant des princes de la science le baptême classique, ont conservé justement le nom à jamais regretté de M. Graves. Les *Fasciculites Gravesii*, Pomel. mss. et *Moreausia Gravesii*, Pomell. mss. seront à jamais des témoins authentiques des pénibles recherches de cet illustre savant dont s'honorent légitimement et la science et le département de l'Oise.

TABLE DES MATIÈRES

DE

L'ESQUISSE DE LA VÉGÉTATION DU DÉPARTEMENT DE L'OISE.

www.ingramcontent.com/pod-product-compliance
Ingram Content Group UK Ltd.
Pitfield, Milton Keynes, MK11 3LW, UK
UKHW021152260726
13994UKWH00001B/410